中国碳捕集、利用与封存
商业化蓝皮书
（2022）

U0252887

周爱国 彭 勃 宋 磊 梁 希 主编

石油工业出版社

内 容 提 要

本书全面介绍了全球应对气候变化和国家实现"双碳"目标对碳捕集、利用与封存（CCUS）的需求背景，梳理了 CCUS 在全球和中国的政策法规发展历程、CCUS 技术发展历史、现状和发展趋势以及 CCUS 技术单元和技术链条的成熟度。建立了 CCUS 和就业关系的动态模型，确定了 CCUS 对中国未来就业的拉动。在分析了中国二氧化碳的源汇匹配的基础上，提出了中国 CCUS 典型区域，以及建设 CCUS 工程中的监管机制；在评估中国电力、钢铁、水泥和石化行业碳排放趋势基础上，分析了 CCUS 在碳中和目标下的贡献以及发展途径。

本书可供从事碳捕集、利用与封存的技术人员、研究人员、政策制定者及高等院校相关专业师生阅读和参考。

图书在版编目（CIP）数据

中国碳捕集、利用与封存商业化蓝皮书. 2022/周爱国等主编 .—北京：石油工业出版社，2023.1
ISBN 978-7-5183-5580-8

Ⅰ . ① 中… Ⅱ . ① 周 … Ⅲ . ① 二氧化碳 – 收集 – 研究报告 – 中国 –2022 ② 二氧化碳 – 保藏 – 研究报告 – 中国 –2022 Ⅳ . ① X701.7

中国版本图书馆 CIP 数据核字（2022）第 167362 号

审图号：GS 京（2022）1151 号

出版发行：石油工业出版社
　　　　　（北京安定门外安华里 2 区 1 号　　100011）
　　　　　网　　址：www.petropub.com
　　　　　编辑部：（010）64523546　　图书营销中心：（010）64523633
经　　销　全国新华书店
印　　刷　北京中石油彩色印刷有限责任公司

2023 年 1 月第 1 版　　2023 年 1 月第 1 次印刷
787×1092 毫米　开本：1/16　印张：9.75
字数：230 千字

定价：80.00 元
（如出现印装质量问题，我社图书营销中心负责调换）

《中国碳捕集、利用与封存商业化蓝皮书（2022）》
编写人员及单位

主编

周爱国（中国石油天然气集团有限公司）

彭　勃（中国石油大学（北京））

宋　磊（中国石油集团安全环保技术研究院有限公司/OGCI Climate Investments）

梁　希（伦敦大学学院/爱丁堡大学）

编写专家

柴麒敏（国家应对气候变化战略研究和国际合作中心）

张　贤（中国21世纪议程管理中心）

高　林（中国科学院工程热物理研究所/怀柔实验室）

王　灿（清华大学）

袁　波（中国石油集团安全环保技术研究院有限公司）

关大博（清华大学）

林千果（华北电力大学/上海交通大学）

杨晓亮（中油气候创业投资有限责任公司/全球碳捕集利用与封存研究院，GCCSI）

蔡博峰（生态环境部环境规划院）

于景琦（OGCI昆仑气候投资基金）

贡献专家（按姓氏笔画排序）

Gardiner Hill（BP公司）

Nirvasen Moonsamy（OGCI）

Mark Crombie（OGCI）

Iain Macdonald（Shell公司）

刀玉杰（中国地质调查局水文地质环境地质调查中心）

马爱民（国家应对气候变化战略研究和国际合作中心）

吕学都（亚洲开发银行）

刘　玫（中国标准化研究院）

许世森（中国华能集团有限公司）

孙玉清（财政部清洁发展机制基金管理中心）

李　阳（中国石油化工集团有限公司）

李　政（清华大学）

李小春（中国科学院武汉岩土力学研究所）

李晓文（中国银行保险监督管理委员会政策研究局）

杨永智（中国石油勘探开发研究院）

何建坤（清华大学）

沈平平（中国石油天然气集团有限公司）

张九天（北京师范大学）

张建宇（美国环保协会）

周大地（中国能源研究会/国家发展和改革委员会能源研究所）

段茂盛（清华大学）

贺红旭（中国石油天然气集团有限公司OGCI工作秘书处）

廖　原（中国节能环保集团有限公司）

翟永平（亚洲开发银行）

薛　华（中国石油规划总院/OGCI昆仑气候投资基金）

编辑团队

刘　琦、贾冀辉、刘牧心、王　莉、陈丹波、王道平、江梦菲、
Hasan Muslemani、孙雨萌、李经纬、程　凯

其他贡献人员

荣　佳、罗　丹、赵华强、李　顺、王伟杰、王一彪、石运旺
廖　扬、张亚楠、尚雷旺、苗　壮、樊　硕、舒紫景、吴　怡

前言

碳捕集、利用与封存（Carbon Capture Utilization and Storage，CCUS）是我国实现碳中和目标技术组合中的重要构成部分，是指将二氧化碳（CO_2）从能源和工业排放源或空气中捕集分离，运输到适宜场地进行利用与封存，实现CO_2减排的过程。CCUS是现阶段实现化石能源大规模直接减排和低碳利用的技术手段，是电力、钢铁、水泥等行业深度脱碳的技术方案；CCUS是能源安全和能源低碳转型的技术保障，主要包括在碳约束条件下新型电力系统构建与稳定运行，实现油气绿色开发和保障油气能源安全等方面；CCUS与相关环保技术结合，可以实现减污降碳的环境协同效益；CCUS作为新的产业，可以创造新的经济增长点，促进GDP增长，增加就业。

碳中和目标下，全球范围内，CCUS对全球的减排作用逐渐获得各国的共识，美国、欧盟、英国、澳大利亚、加拿大等先后出台促进政策，CCUS领域工程与示范项目加速布局，新技术不断涌现，技术效率迅速提升，能耗成本逐渐降低。在国内，党中央和国务院提出碳中和"1+N"政策体系，政府部门、能源和工业企业，科研院所结合各自碳中和目标以及企业发展特点，部署大规模示范项目，推进科研创新，加速人才培养，并构筑碳市场，加速推进CCUS的发展。CCUS在实现国家碳中和目标、促进绿色低碳转型与发展、推动应对气候变化的国际合作等方面将发挥更加重要的作用。

本书主要目标包括三个方面：评估中国CCUS的价值，包括经济价值（产值、产业）、社会价值（就业、环境保护）、竞争力价值（出口、技术）、能源安全价值（油气产量提升、化石能源储备的价值）；提出中国CCUS的政策建议，梳理分析美国、欧盟、英国和澳大利亚等CCUS的宏观鼓励政策和监管要求，同时结合中国CCUS政策发展的过程、不同区域发展特征，提出中国CCUS的政策建议和监管要求；制定中国CCUS商业化战略，根据中国应对气候变化和国家发展的战略目标，结合政府部门和专家建议，提出可实施的中国CCUS的商业化战略建议。

为了实现上述目标，首先，本书回顾了国内和国外CCUS的发展状况，包括成功经验和教训。同时，分析了CCUS在中国和全球维度减缓气候变化的作用，了解CCUS短期和长期的部署目标，并分析不同CCUS潜在政策选项的效果。

值得注意的是，目前碳中和气候目标的提出对各产业的发展提出了更高的要求。与发达国家不同，中国能源企业应以实现绿色低碳能源转型为导向来确定CCUS的实施路径，而不是仿照过去CCUS在欧美发达国家的发展路径。未来中国CCUS的发展，应更加注重CCUS技术整个产业链条的商业价值，以及对整体经济发展带来的影响。

为了更好地认识CCUS的商业价值，本书还对CCUS对电力、石化、钢铁、水泥和其他大型高浓度排放源以及经济和产业的影响进行了全面分析，并在此基础上创新地建立了CGE模型，分析了CCUS对各行业经济价值、就业和进出口的影响。首次评估了部署CCUS的公共资金需求，以及结合气候、能源和CCUS专家的建议，提出中国CCUS的商业化战略和可执行的政策建议。

本书共4章，第一章简述了CCUS的重要性，分析了CCUS对2℃和净零排放情景的功效。第二章阐述了CCUS在国内外的发展状况，分析了部署CCUS对社会和经济的影响，如减缓气候变化、实现环境协同效应、推动经济发展等。首次围绕中国的CCUS产业链进行了系统性的分析，研究了CCUS对各高排放行业的影响，以及探索CCUS应用能否减缓未来单边或多边开展边界碳关税对中国出口贸易的影响。第三章分析了CCUS的政策环境，首次提出各行业开展CCUS的资金需求，分析了CCUS的不同政策选项，吸取国外开展CCUS的经验，提出CCUS的政策建议。回顾了国外CCUS的监管政策，围绕中国CCUS发展的监管制度建设问题进行了探讨。第四章提出了中国CCUS商业化发展战略建议，包括整体目标、区域和行业目标、保障CCUS实施的机构框架。在广泛与利益相关者和专家交流的基础上提出实现中国CCUS商业化发展战略的路径。附录部分收集了一些CCUS集群案例分析，总结了全球19个大型一体化示范项目的商业开发经验和政策保障机制，同时还介绍了本书采用的各种模型的主要结构和假设条件。

本书由油气行业气候倡议组织（OGCI）提供资助，中国石油天然气集团有限公司具体指导，中国石油大学（北京）、英国伦敦大学学院（UCL）、英国爱丁堡大学承担完成。

由于水平所限，书中难免有疏漏和不足之处，敬请读者批评指正。

目录

案例索引

▶ 第一章　绪论

2020年9月22日，习近平总书记在第七十五届联合国大会上发表重要讲话，提出我国二氧化碳排放力争于2030年前达到峰值，努力争取2060年前实现碳中和。中国碳中和目标的提出，展示了我国为应对全球气候变化作出更大贡献的积极立场，增强了国际社会对实现2℃温升控制目标的信心，顺应了全球新冠疫情后实现绿色复苏和低碳转型的潮流，对全球气候治理和中国未来社会经济发展具有重大影响。

中国要实现碳中和目标需付出比欧美发达国家更多努力。目前，从排放总量来看，中国是全球碳排放第一大国，碳排放量是美国的两倍多、欧盟的三倍多，需实现的碳排放削减量远高于其他经济体。同时，中国经济发展与碳排放还未脱钩，碳中和的目标需要在兼顾经济发展与实现碳减排目标之间寻求平衡。此外，中国从碳达峰到碳中和的时间只有30年，明显短于欧美发达国家。因此，在碳减排量巨大、时间尺度短的前提下，要实现碳达峰目标和碳中和愿景，我国需要在调整国家能源结构的同时，尽早部署大规模碳减排技术。

CCUS是一项具有大规模碳减排潜力的技术，是实现碳中和的重要技术组成部分。通过从工业排放源中捕集二氧化碳并加以利用或注入地质构造封存来减少其向大气中的排放，CCUS能够减少温室气体在大气中的聚积，减缓全球的气候变化。截至2019年，化石能源仍占人类一次能源消费的84%[1]。虽然非化石能源利用技术在过去20年取得了显著的发展，但是联合国政府间气候变化专门委员会（IPCC）认为，CCUS是目前唯一一项能够在继续使用化石能源的同时实现近零排放的气候减缓技术，为使用化石能源生产低碳电力和低碳氢能提供保障[2]。与此同时，通过CCUS技术与生物质能源利用（Biomass Energy with Carbon Capture and Storage，BECCS）进一步的结合，或实施直接从空气分离二氧化碳（Direct Air Capture，DAC）的CCUS技术[3]，我国有望实现负排放。

一、CCUS 是实现全球 1.5℃气候变化目标的重要保证

2015年12月，包括中国在内的全球167个国家在法国签署了具有历史意义的《巴黎协定》，达成了削减温室气体排放、控制气温上升不超过2℃的共识，并分别提出各自的减排目标。同时，《巴黎协定》也明确指出：为减少气候变化的最坏影响，必须努力使全球平均气温升高的幅度控制在1.5℃以内[4]。IPCC指出，CCUS技术是实现1.5℃目标的

---

[1] BP. 2020. Statistical Review of World Energy 2020.

[2] IPCC，2018. Special report on the impacts of global warming of 1.5℃，p16. Available at：https：//www.ipcc.ch/site/assets/uploads/sites/2/2018/07/SR15_SPM_version_stand_alone_LR.pdf.

[3] IEA. 2013. CCS technology roadmap. https：//webstore.iea.org/technology-roadmap-carbon-capture-and-storage-2013 .

[4] UNFCCC. The Paris Agreement. https：//unfccc.int/process-and-meetings/the-paris-agreement/the-paris-agreement.

重要保证（图1-1）。国际能源机构（IEA）在2017年发布的能源技术前景报告中预测，CCUS将在2060年之前为实现2℃目标贡献14%的减排量（图1-2）；如果人类缩紧减排目标，在2060年实现净零排放，CCUS将贡献32%的减排量（图1-3）[1]。目前，包括中国在内，全球已经有超过20个国家或地区提出了净零排放目标。这些国家和地区的排放占据近一半的人类燃烧化石能源造成的温室气体排放量（图1-4）[2]。IEA在2020年发布的《清洁能源过渡中的CCUS》报告中强调[3]，如果没有CCUS技术，几乎不可能实现净零排放，并且全球碳捕集量在2030年需达到8×10^8t/a。清华大学低碳经济研究院认为[4]，从实现二氧化碳排放达峰到实现碳中和，欧洲有70年左右的时间，美国有约50年的时间，而中国只有30年的时间，所以中国每年碳排放下降的速度和减排的力度要比发达国家大得多，任务也更加艰巨。未来预计各国将围绕实现碳中和的路径开展深入研究（如实现碳中和曲线研究），并进一步互相促进提高减排力度，或激励CCUS技术的部署。同时，IPCC

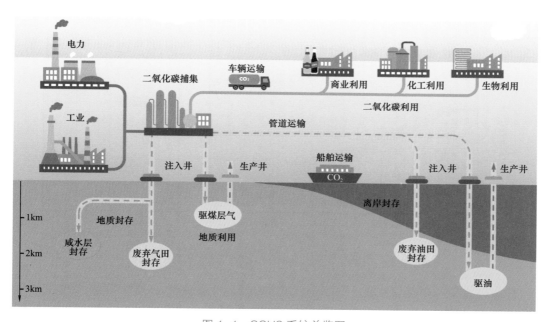

图 1-1 CCUS 系统总览图

❶ IEA. 2017. Energy technology perspectives. https：//www.iea.org/reports/energy-technology-per-spectives-2017.

❷ IEA. 2019. CO₂ emissions from fuel combustion：overview. https：//www.iea.org/reports/CO₂-emis-sions-from-fuel-combustion-overview .

❸ IEA. 2020. CCUS in clean energy transitions. https：//www.iea.org/reports/ccus-in-clean-ener-gy-transitions.

❹ 中国科学报. 2020. CCUS：碳中和目标下亟须"绿动". http://news.sciencenet.cn/sbhtmlnews/2020/11/359041.shtm.

预测，如果不采用CCUS技术来完成2℃目标，全球所产生的二氧化碳减排成本将比采用CCUS技术的减排成本高138%❶。IEA预计，如果二氧化碳累计封存能力局限在$100 \times 10^8 t$二氧化碳，人类未来40年的减排总成本将从9.7万亿美元上升至13.7万亿美元❷。

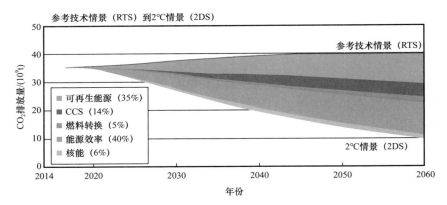

图1-2　IEA预测各低碳技术为实现2℃目标情景的贡献

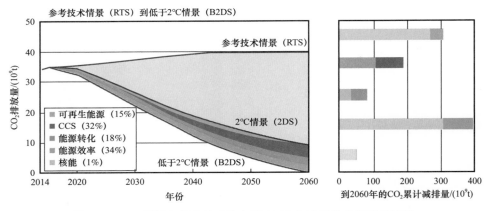

图1-3　IEA预测各低碳技术为实现2060年净零排放情景的贡献

全球碳捕集和封存研究院（Global CCS Institute）认为，CCUS的主要价值在于两方面：一是减缓气候变化；二是推动产业发展、能源结构转型、促进经济增长和提高就业❸。在减缓气候变化方面，CCUS技术是减排二氧化碳的必要保障，同时有利于促进高排放行业（如钢铁、水泥和化工）实现净零排放，通过捕集制氢装置产生的高浓度二氧化碳迅速放大低碳氢能的生产规模，提供灵活可靠的电力供应以及结合DAC和BECCS实现

---

❶ IPCC. 2014. Climate change 2014：synthesis report. contribution of working groups I, II and III to the fifth assessment report of the intergovernmental panel on climate change.

❷ IEA. 2019. The role of CO₂ storage：exploring clean energy pathways. https：//www.iea.org/reports/the-role-of-CO₂-storage .

❸ GCCSI. 2020. The value of carbon capture and storage（CCS）.

负排放。在推动能源结构转型方面，全球各地区企业踊跃提出"净零排放"的目标加速了全球CCUS技术的应用。英国帝国理工大学在2019年发表了一项研究成果，该研究围绕英国、波兰、澳大利亚新南威尔士、印度尼西亚爪哇—马杜拉—巴厘岛等国家和地区以及美国的两个区域电网进行净零碳排放分析，发现缺少CCUS技术的系统实现净零排放的成本将会是现在的2～7倍[1]。

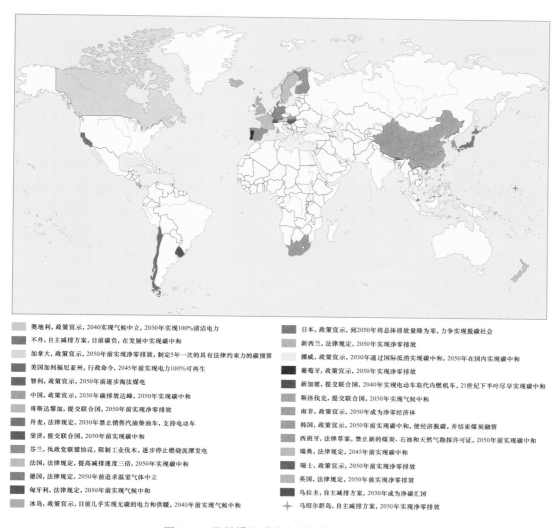

奥地利，政策宣示，2040实现气候中立，2030年实现100%清洁电力

不丹，自主减排方案，目前碳负，在发展中实现碳中和

加拿大，政策宣示，2050年前实现净零排放，制定5年一次的具有法律约束力的碳预算

美国加利福尼亚州，行政命令，2045年前实现电力100%可再生

智利，政策宣示，2050年前逐步淘汰煤电

中国，政策宣示，2030年碳排放达峰，2050年实现碳中和

哥斯达黎加，提交联合国，2050年前实现净零排放

丹麦，法律规定，2030年禁止销售汽油柴油车，支持电动车

斐济，提交联合国，2050年前实现碳中和

芬兰，执政党联盟协议，限制工业伐木，逐步停止燃烧泥潭发电

法国，法律规定，提高减排速度三倍，2050年实现碳中和

德国，法律规定，2050年前追求温室气体中立

匈牙利，法律规定，2050年实现气候中和

冰岛，政策宣示，目前几乎实现无碳的电力和供暖，2040年前实现气候中和

日本，政策宣示，到2050年将总体排放量降为零，力争实现脱碳社会

新西兰，法律规定，2050年实现净零排放

挪威，政策宣示，2030年通过国际抵消实现碳中和，2050年在国内实现碳中和

葡萄牙，政策宣示，2050年前实现净零排放

新加坡，提交联合国，2040年实现电动车取代内燃机车，21世纪下半叶尽早实现碳中和

斯洛伐克，提交联合国，2050年实现气候中和

南非，政策宣示，2050年成为净零经济体

韩国，政策宣示，2050年前实现碳中和，使经济脱碳，并结束煤炭融资

西班牙，法律草案，禁止新的煤炭、石油和天然气勘探许可证，2050年前实现碳中和

瑞典，法律规定，2045年前实现碳中和

瑞士，政策宣示，2050年前实现净零排放

英国，法律规定，2050年实现净零排放

乌拉圭，自主减排方案，2030年成为净零汇国

马绍尔群岛，自主减排方案，2050年实现净零排放

图 1-4　已经提出碳中和目标的国家或地区

---

[1]　Imperial College London. 2019. The role and value of CCS in different national contexts.

二、CCUS 是中国实现碳中和、保障能源安全和实现可持续发展的重要手段 ❶

中国在2020年提出了要在2060年实现碳中和的宏伟目标❷。由于我国的能源结构以煤炭为主，化石能源在中国一次能源中的占比超过80%。在未来相当长时间内，化石能源仍将在一次能源中占主导地位❸。其中，尽管煤炭在一次能源消费中的占比将逐步降低，其占比2020年降至57%左右；在相当长时间内，煤炭主体能源的地位不会变化。另外，碳中和目标的提出，将促进碳排放外部成本实现内部化，极大提升CCUS的应用空间❹。国家应对气候变化战略及国际合作中心和清华大学的研究显示，中国在深度减排情景下，在2050年累计需要捕集270×10^8t二氧化碳❺。因此，清华大学气候变化与可持续发展研究院认为，在1.5℃前提下，我国在2050年之前每年都需要使用CCUS技术实现8.8×10^8t碳减排❻。

CCUS是中国实现能源行业和高排放产业低碳转型升级的重要途径。在煤炭规模化的清洁利用方面，CCUS在煤化工、火力发电、钢铁等行业具有巨大的应用空间，能够有效实现化石能源大规模的低碳利用。在经济增长和就业方面，CCUS能够创造和保持就业岗位，促进低碳技术创新和发展净零排放的有关产业，鼓励基础设施再利用和降低设备退役成本，以及减缓低碳经济转型带来的地域和时间错配。从"十三五"到"十四五"，中国经济正在从高速度增长转向高质量发展。"十四五"时期，我国要实现环境效益、经济效益和社会效益多赢❼，需要部署CCUS来推动中国能源行业绿色低碳转型，同时为油气开发、炼油化工和电力等领域创造大量就业机会。

中国拥有巨大的潜在CCUS市场。中国在2005年和2010年碳排放总量分别为55×10^8t

❶ 科学技术部社会发展科技司，中国 21 世纪议程管理中心 . 2019. 中国碳捕集利用与封存技术发展路线图（2019 版）.

❷ UN. 2020. "Enhance solidarity" to fight COVID-19, Chinese President urges, also pledges carbon neutrality by 2060. https：//news.un.org/en/story/2020/09/1073052.

❸ BP. 2019. Energy outlook 2019. https：//www.bp.com/en/global/corporate/energy-economics/energy-outlook.html.

❹ 国家应对气候变化战略及国际合作中心 . 2017. 我国碳捕集、利用和封存的现状评估和发展建议 . 气候战略研究简报 2017 年第 24 期 . http：//www.ncsc.org.cn/yjcg/zlyj/201804/P020180920508768846809.pdf.

❺ Teng F, Gu A, Yang X, et al. 2015. Pathways to deep decarbonization in China, SDSN-IDDRI. http：// deepdecarbonization.org/wp-content/uploads/2015/09/DDPP_CHN.pdf.

❻ 何健坤 . 2020. 中国低碳发展战略与转型路径研究 . 清华大学气候变化与可持续发展研究院 .

❼ 中新社 . 2019. 中国经济发展的绿色转型：从高速度迈向高质量 . https：//www.chinanews.com/ cj/2019/06-04/8856017.shtml.

和 $81.52 \times 10^8 t$[1]，碳排放在"十五"和"十一五"期间的年均增长率分别为11.0%和8.0%。虽然中国的能源消费和碳排放总量在"十二五"期间增长放缓，但2015年中国二氧化碳排放总量仍有 $85.2 \times 10^8 t$[2]。"十三五"期间，中国碳排放总量仍呈不断上升趋势，2018年二氧化碳排放总量达到 $95 \times 10^8 t$[3]。采用能源消耗弹性系数法预测中国二氧化碳排放的计算结果显示，中国在2025年预计排放 $109.8 \times 10^8 t$ 的二氧化碳，2030年预计排放 $116 \times 10^8 t$ 二氧化碳[4]。因此，CCUS的产业化应用能够保障2030年前达到峰值、实现绝对量减排，同时为国内工业发展提供空间。

"十二五"至"十三五"期间，通过政府政策和资金引导、企业积极投入、科研院所积极参与以及各利益相关方协调与配合，截至2021年9月，中国已投运或建设中的CCUS示范项目有40个，捕集能力 $300 \times 10^4 t/a$，累计封存200余万吨二氧化碳。项目多以石油、煤化工、电力行业的捕集驱油示范为主，包括2021年中国海油启动的中国第一个海上封存项目；其中，中国石油吉林油田项目捕集规模为 $30 \times 10^4 t/a$[5]，累计注入已达 $200 \times 10^4 t$；其他20个CCUS项目均为中试规模。已建成的项目主要依靠企业自有资金投资（图1-5）。同时，中国政府积极参与CCUS多边合作对话，参与碳封存领导人论坛（Carbon Sequestration Leadership Forum）、创新使命部长级会议（MI）和清洁能源部长级会议（CEM），加入了GCCSI，也从不同方面推动了CCUS的发展。当前，我国有7个大型全流程CCUS项目处于开发阶段，亟待建立一套清晰的商业模式和激励政策来帮助上述项目实现最终投资决定。

三、CCUS 在全球的部署

全球目前有19个大型全链条（LSIP[6]）CCUS项目正在运行，年捕集总量约为 $2500 \times 10^4 t$ 二氧化碳（图1-5）。虽然在运营的CCUS项目证明了该技术商业可行性，但当前CCUS项目每年碳捕集总量仅约为每年人类活动产生的二氧化碳的千分之一（每年全

[1] IEA. 2011. Energy technology perspective 2010. https：//www.iea.org/topics/energy-technology-per-spectives.
[2] 清华大学. 2017. 中国低碳经济发展报告（2017）. 北京.
[3] IEA. 2019. Global energy & CO₂ status report 2019, Paris. https：//www.iea.org/reports/global-ener-gy-co2-status-report-2019.
[4] 韩国刚，刘晓宇，宋鹭，等. 2013. 中国2030年CO₂排放总量预测研究. 电力科技与环保，29（6）：1-3.
[5] Zhang Liang, et al. 2015. CO₂ EOR and storage in Jilin oilfield China：monitoring program and prelim-inary results. Journal of Petroleum Science and Engineering（125）：1-12.
[6] Large Scale Integrated CCS Project，简称LSIP。根据全球碳捕集与封存研究院（GCCSI）的定义，LSIP门槛为，年捕集能力在 $40 \times 10^4 t$ 以上的全链条CCUS项目。

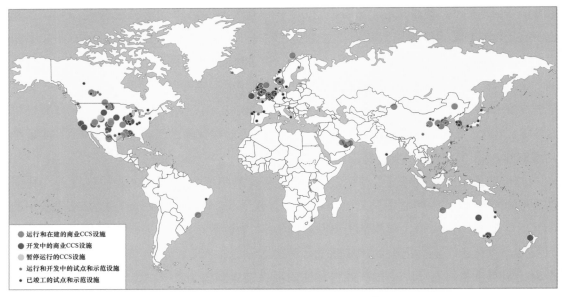

图 1-5　全球 CCUS 项目部署情况 ❶

球人为排放二氧化碳总量为300多亿吨）。IEA在《2019世界能源展望》报告中预测，全球将会在未来20年增加至2000个在运行CCUS项目，是目前在运营项目数量的100倍❷。为了减缓气候变化和把握能源产业转型的机会，美国、加拿大、挪威和英国自2018年起便进一步强化对CCUS技术示范的支持。例如，美国通过Form-45Q政策为EOR和地质封存CCUS项目提供封存每吨二氧化碳35美元和50美元的税收返还❸；挪威政府颁 发欧洲经济区内最大单笔补贴——为建设CCUS示范项目提供21亿欧元的财政支持❹。中国可以借鉴发达国家在CCUS技术发展初期积累的成功经验，结合中国实际国情及碳减排路径，除加强关键技术研发外，在政策法规、激励政策、监管等方面也应提前开展部署。

四、中国 CCUS 项目的部署

中国企业在CCUS上积极先行先试（图1-6），如中国石油运营中国首个大型一体

---

❶　GCCSI. 2020. Global status of CCS 2020.

❷　IEA. 2019. World energy outlook 2019. https：//www.iea.org/reports/world-energy-outlook-2019.

❸　Beck L. 2020. The US section 45Q tax credit for carbon oxide sequestration：an update. GCCSI. https：//www.globalccsinstitute.com/resources/publications-reports-research/the-us-section-45q-tax-credit-for-carbon-oxide-sequestration-an-update/.

❹　IEA Clean Coal Centre. 2020. Norway's € 2.1b carbon capture mega project gets approval. https：//www.iea-coal.org/norways-e2-1bn-carbon-capture-mega-project-gets-approval/.

化CCUS项目（吉林油田CCUS项目），推动首个CCUS集群［中国石油西北CCUS产业促进中心（CCUS hub）项目❶］。中国石油在2015年加入了油气行业气候倡议组织（OGCI），与沙特阿美、BP、雪佛龙、埃尼、艾奎诺、埃克森美孚、西方石油、巴西石油、雷普索尔、壳牌、道达尔能源共12家石油公司共同参与应对气候变化的合作，推动包括CCUS在内的各种负碳技术的商业化应用。

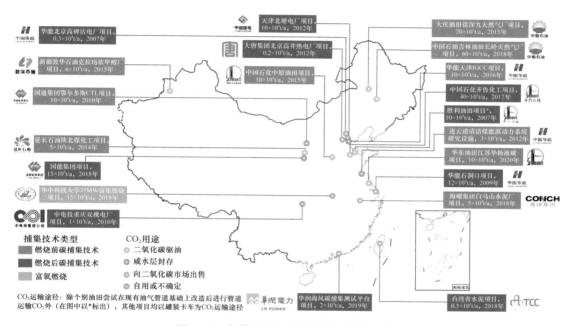

图 1-6 中国已建成 CCUS 示范项目一览

　　CCUS在中国已经成为中国应对气候变化战略的重要组成部分❷。在全球产业链高度整合的背景下，中国进一步推动CCUS技术的发展和产业化，将有利于CCUS技术在全球范围内实现成本下降和加快CCUS的全球商业化进程，有利于降低全人类应对气候变化的成本。由于中国的工（产）业体系全面，并且覆盖CCUS的整个技术链条，同时在典型地区具备好的源汇匹配条件，通过制定CCUS的长中短期发展目标，并通过政策引导、商业化部署（推动）和监管环境建设，中国有条件成为全球CCUS产业的领导者。

---

❶ CNPC. 2020. Addressing climate change for a lower-carbon future. http：//www.cnpc.com.cn/en/2020climateen/2020AddressingClimate.shtml.

❷ 生态环境部 . 2019. 中国应对气候变化的政策与行动 2019 年度报告 . http：//www.mee.gov.cn/ywgz/ydqhbh/qhbhlf/201911/P020191127380515323951.pdf.

‣ 第二章　CCUS 在中国的价值

本章从全球视角阐述中国开展CCUS商业化部署的社会价值和商业价值。如图2-1所示，中国CCUS商业价值包括二氧化碳减排效益、环境协同效应、社会价值和经济价值以及能源安全四个方面。中国开展CCUS有利于加快全球CCUS部署，实现成本下降，为实现《巴黎协定》的2℃目标以及碳中和目标提供技术与商业保障。与此同时，CCUS将结合电力、化工、钢铁、水泥等高排放行业，促进中国工业转型升级，在全球碳约束情景下实现额外的经济附加值、创造新的就业，稳定对外贸易和创造CCUS相关的工程、设备和服务的出口机会。由于中国的油气进口依存度高，通过CCUS加强能源行业和全球气候变化工作的衔接，短期内可以提高石油采收率，长期能够从战略上为能源安全供应提供保障。

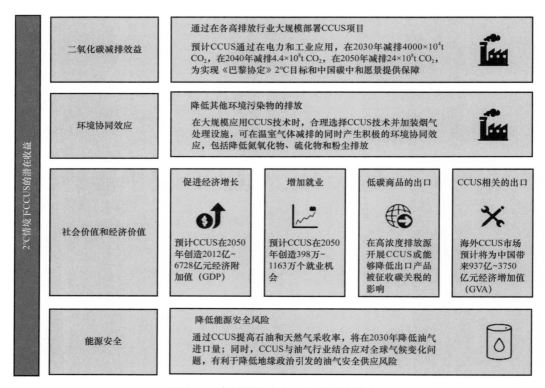

图 2-1　中国开展 CCUS 商业价值概述

第一节　CCUS 发展回顾

一、技术现状

联合国政府间气候变化专门委员会（IPCC）研究发现，CCUS是目前唯一一项能够在使用化石能源的同时实现大幅度碳减排的技术。当CCUS与生物质能源结合用于发电或生物燃料生产时，也能成为为数不多能够大规模产生负二氧化碳排放的技术之一❶。一方面，尽管CCUS技术在过去20年有了一定的发展，总体上大规模应用的进展仍然不足，特别是在相对较低浓度的排放源中进行大规模碳捕集（如电力、钢铁、水泥行业的烟气等，图2-1）。在低浓度排放源进行碳捕集的实施成本最高，技术不确定性最大。目前，全球仅有两座在运行的大型CCUS项目是从低浓度排放源进行捕集，分别位于美国和加拿大。因此，如何实现电力、钢铁和水泥等主要工业排放源的碳捕集技术提升和成本下降成为CCUS迅速推广的重要课题。另一方面，封存二氧化碳的主要技术障碍在于二氧化碳封存的评估流程和监测技术。因此，降低监管风险和降低CCUS项目的运行风险，将有利于降低CCUS投资者的需求回报率（或贴现率）。此外，高浓度排放源（如煤化工、天然气提纯、化肥厂）捕集技术较成熟和简单，为二氧化碳大规模封存提供了示范的机会。目前全球有17座在运行的大型一体化示范项目从高浓度排放源进行捕集。

CCUS作为未来温室气体减排的战略性技术，其大规模产业化的发展将取决于技术成熟度、经济可承受性、自然条件下承载力及其与产业发展合作的可行性。根据科学技术部（简称科技部）提出的CCUS路线图，在2030年之前，中国碳减排主要依靠大力发展节能增效和可再生能源技术，CCUS技术目前处于研发示范阶段，是中国减少温室气体排放的重要战略储备技术。随着技术逐渐成熟，CCUS有望在2030年后成为中国从以化石能源为主的能源结构向低碳体系转变的重要技术保障。预计到2050年，CCUS技术能耗和成本问题将得到根本改善，其在各行业广泛推广应用不仅可以实现化石能源大规模低碳利用，而且可以与可再生能源结合实现负排放，成为中国绿色低碳多能源体系的关键技术。预计随着碳中和目标的提出，各国加快推动CCUS示范和部署，上述时间会被提前。

碳捕集、运输、利用和封存涉及多种不同技术路径，CCUS项目开发商能够根据实际环节进行灵活组合，选择合适的技术。目前CCUS相关技术大部分处于大型示范和商业化阶段（图2-2）❷，其中，燃烧后捕集化学吸收、天然气生产过程的二氧化碳分离、二氧化碳管道运输、船舶运输、咸水层封存和提高石油采收率被认为是完全成熟的技术，在国际上被认为处于商业化阶段。

---

❶　IEA. 2013. CCS technology roadmap. http：//www.docin.com/p-845610377.html.
❷　科学技术部社会发展科技司和中国 21 世纪议程管理中心 . 2019. 中国碳捕集利用与封存技术发展路线图（2019 版）.

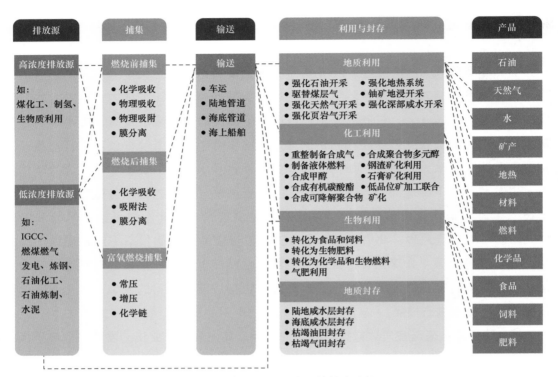

图 2-2　中国 CCUS 产业的技术路径

　　然而，整体煤气化联合循环（IGCC）结合CCUS、富氧燃烧在电力行业应用、膜分离用于天然气生产、吸附法燃烧后碳捕集、直接空气碳捕集（DAC）、生物质结合CCS（BECCS）、废弃油气田封存和二氧化碳提高天然气采收率等技术被认为处于示范阶段。经比较科技部2019年《中国碳捕集利用与封存技术发展路线图》（以下简称《科技部CCUS路线图》）和GCCSI的碳捕集与封存研究报告[1]，除了二氧化碳的非驱油利用和废弃油气田封存二氧化碳两项技术，中国大部分CCUS的子技术比国际水平低一个级别。其中，离岸运输技术（船舶二氧化碳运输和离岸二氧化碳管道）的国内外技术水平差距显著：国内处于概念阶段，而国外已经进入商业应用阶段（图2-3）。

　　应用生物质结合CCS（BECCS）技术和直接空气碳捕集（DAC）技术能够实现负排放，对于实现净零排放目标至关重要。如图2-3所示，这两项技术可被进一步细分为多种子技术。根据国际能源机构（IEA）预测，目前已经成熟的生物乙醇结合CCS将是最具商业吸引力的技术。2017年，全球生物燃料总产量约8412.1×10⁴t油当量[2]，其中三分之二

---

❶　Bui M，Adjiman C S，Bardow A，et al. 2018. Carbon capture and storage（CCS）：the way forward. Energy & Environmental Science，11，1062-1176.

❷　前瞻产业研究院．2018. 2018 全球生物质能源行业市场现状及发展趋势分析．https://www.qianzhan.com/analyst/detail/220/190124-52dc9f86.html.

是生物乙醇❶。传统的生物质可以被进一步延伸至广义生物质（如城市垃圾和污泥），通过采用垃圾与化石能源混合燃烧，实现二氧化碳和其他污染物的协同治理。

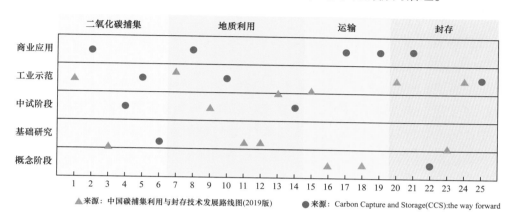

图 2-3　国内外 CCUS 技术水平概览

1—化学吸收法；2—胺溶液法；3—膜分离法；4—聚合物膜（电厂）；5—聚合物膜（天然气厂）；6—致密无机物膜（CO₂分离）；7—增强石油开采；8—二氧化碳驱油；9—驱替煤层气；10—二氧化碳驱气；11—增强天然气/页岩气开采；12—增强地热系统；13—增强深部咸水开采；14—二氧化碳利用（非驱油）；15—陆上管道；16—海上管道；17—陆上及离岸管道运输；18—海上船舶；19—船舶运输；20—陆上咸水层封存；21—咸水层封存；22—海洋封存；23—海底咸水层封存；24—枯竭油气田封存；25—废弃油气田封存

1. 碳捕集技术

对于大型低浓度排放源，燃烧后捕集技术相对成熟，能够对绝大部分火电厂、水泥厂、钢铁厂和化工厂内的部分排放源进行脱碳改造，或作为新建项目的配套工程。目前，加拿大和美国已建成百万吨级别的燃烧后捕集示范项目——边界大坝项目和 Petra Nova 项目❷。《科技部 CCUS 路线图》预测，第二代燃烧后捕集技术能耗为 2.0～2.5GJ/t CO₂，能耗对净发电效率影响为 5～8 个百分点❸。火电厂、水泥厂、钢铁厂等中低浓度排放源在中国数量众多且分布广泛，排放量基数较大，不同的行业排放源采用的 CO₂ 捕集技术略有差异，因此需要在各行业同步推动 CCUS 示范项目。经对比国内外中试规模项目成果（如华润海丰项目、华能石洞口项目、挪威蒙斯塔德项目和美国南方电力国家碳捕集技术中心项目），中国在二氧化碳捕集装备制造方面（吸收塔、解吸塔等）有显著的成本优势，但核心技术（如胺溶液和膜工业）的大规模商业化应用水平落后于国外同等技术（如日本、美国、加拿大、英国的制造商）。

---

❶　IEA. 2018. World energy outlook，Paris.

❷　Hari C，et al. 2019. Boundary Dam or Petra Nova–Which is a better model for CCS energy supply？ International Journal of Greenhouse Gas Control（82）：59–68.

❸　科学技术部社会发展科技司和中国 21 世纪议程管理中心 . 2019. 中国碳捕集利用与封存技术发展路线图（2019 版）.

广义的燃烧前碳捕集技术成熟，可用于高浓度二氧化碳排放源[1]，捕集环节成本为50～300元/t CO_2。燃烧前技术路线也与煤炭发电结合进行示范，即在整体煤气化联合循环（IGCC）发电系统的合成气燃烧前捕集二氧化碳。IGCC商业化的成本增加值和能耗估算与燃烧后捕集接近，但目前各国的IGCC电厂运行状况并不理想，如美国南方电力提前结束了Kemper County IGCC项目[2]。

狭义的燃烧前捕集技术能够与氢能生产结合，如在现有煤制氢或天然气制氢装置进行碳捕集，并实现低碳氢气（蓝色氢气）生产。目前，根据中国氢能联盟于2019年发布的《中国氢能源及燃料电池产业白皮书》估算[3]，以当期制氢成本最低的煤制氢技术为例，针对每小时产能为$54 \times 10^4 m^3$合成气的装置，在原料煤（6000kcal，含碳量80%以上）价格600元/t情况下，制取氢气成本约为8.85元/kg；如果利用较为成熟的胺法碳捕集，制取氢气成本约上升为15.85元/kg。随着未来碳捕集技术的进一步成熟以及全国碳市场的发展，"蓝氢"的制取成本会将进一步降低并更具有竞争力。另外，中国也有多套自主研发的煤气化工艺，并将受惠于燃烧前捕集技术的应用和推广。我国首套燃煤电厂燃烧前二氧化碳捕集装置，依托华能天津IGCC电站于2016年7月正式投入运行。该项目采用低水汽比耐硫变换等工艺，将合成气中的一氧化碳通过与水蒸气发生变换反应，转化为二氧化碳和氢气；在常温下经硫碳共脱化学吸收工艺，将合成气中的二氧化碳和硫化氢脱除；经再生工艺，将二氧化碳和硫化氢分别解吸，回收得到98%以上纯度的二氧化碳和单质硫。分离的二氧化碳压缩液化后可实现工业利用，分离的氢气即为"蓝氢"，可回注燃气轮机或燃料电池系统发电。该技术与常规煤电的燃烧后二氧化碳捕集相比，单位能耗可大幅度减小，是未来燃煤电厂实现低能耗捕集二氧化碳的重要技术选择。

富氧燃烧是第三种碳捕集技术路线，通过以二氧化碳代替氮气与氧气结合，进入锅炉与化石能源燃烧提供蒸汽和电力。目前的研究预测表明，二代富氧燃烧技术的能耗水平与燃烧后捕集技术接近，未来具体水平将取决于大型空气分离（即分离氮气）装置成本能否大幅度下降以及富氧锅炉技术水平的提升。当前，富氧技术处于中试阶段，国内空气分离装置和锅炉制造商将会受惠于富氧技术的商业化应用。然而，国内目前的大型空气分离装置的技术水平与国际先进水平仍有差距，尤其在大规模压缩机制造技术水平方面有所欠缺。

2. 二氧化碳运输技术

目前国内现有的CCUS项目规模较小，主要通过车辆运输二氧化碳。尽管车辆二氧化碳运输技术已经较为成熟，但每吨二氧化碳运输成本相对较高。随着CCUS项目规模扩大

[1] 关于二氧化碳排放浓度的定义：一般小于35%为低浓度，35%～70%为中浓度，大于70%为高浓度.
[2] NRDC. 2017. Kemper County IGCC：Death knell for carbon capture？ NOT. https：//www.nrdc.org/experts/george-peridas/kemper-county-igcc-death-knell-carbon-capture-not.
[3] 中国氢能联盟. 2019. 中国氢能源及燃料电池产业白皮书.

并逐渐形成集群，大流量的管道运输或船舶运输能够大幅度降低运输成本。全球已投入运行的大型一体化CCUS项目均采用管道满足CO_2的运输需求。如图2-4❶所示，IEA和卡梅隆大学（CMU）对欧美陆上超临界态CO_2管道运输的有关研究表明，当运输能力达到2×10^4t/d规模时（约700×10^4t/a），每吨二氧化碳的千米运输成本能够降低到0.01欧元（约等于人民币8分），而同等规模离岸管道的成本大约是陆上的两倍；在此规模上进行200km陆上的管道运输，成本仅为16元/t CO_2。由此可见，CCUS集群的规模效应有利于成本下降。

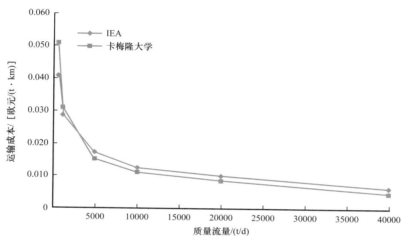

图 2-4　二氧化碳管道运输单位成本与管道流量规模的关系

北美已经建成超过50条二氧化碳运输管道和超过4500mile❷的二氧化碳运输管网❸。尽管中国二氧化碳管道工程建设和运营经验没有美国和加拿大丰富，但中国石油吉林油田的项目成功示范了二氧化碳管道运输的发展潜力。目前，中国的离岸二氧化碳管道和船舶运输的技术水平，仍处于概念阶段，而挪威已处于大规模工业示范阶段。当前，CCUS项目捕集成本受二氧化碳产品质量的影响显著；未来，随着运输管道的防腐能力提升（降低除杂质需求）和抗压管材的成本下降，使用高压超临界态二氧化碳运输将有助于进一步降低运输成本❹。如果中国成功示范建立二氧化碳管网基础设施，二氧化碳管道产品出口和在国内外开展二氧化碳管网工程建设将是中国油气产业未来发展的重大机遇。

❶ Serpa J，Morbee J. Tzimas E. 2011. Technical and economic characteristics of a CO_2 transmission pipeline infrastructure. European Commission Joint Research Centre.

❷ 1mile=1609.3m.

❸ US DOE（Department of Energy）. 2015. A review of the CO_2 pipeline infrastructure in the US. DOE/NETL-2014/1681. https：//www.energy.gov/sites/prod/files/2015/04/f22/QER%20Analysis%20-%20A%20Review%20of%20the%20CO_2%20Pipeline%20Infrastructure%20in%20the%20U.S_0.pdf.

❹ CCS IS. 2020. Vertical markets-commercial transportion. https：//www.ccs-is.com/vertical-markets/commercial/transportation/.

3. 二氧化碳利用与封存技术

在短期内中国碳市场的碳价格水平低于CCUS减排成本的情况下，二氧化碳利用是体现CCUS商业价值的重要途径。二氧化碳利用的技术路径可以分为地质利用、物理利用、化工利用和生物利用四种。二氧化碳的地质利用能够在减排二氧化碳的同时，实现石油、天然气、地热、地层咸水和铀矿等资源的开采。美国从20世纪70年代开始使用二氧化碳提高石油采收率（驱油，即EOR），而中国也积极应用驱油技术示范CCUS。二氧化碳地质利用能够显著增加能源和资源产量，同时降低二氧化碳排放（表2-1[1]）。

表 2-1 中国科学院武汉岩土力学研究所预测 CCUS 技术能源增采量和封存量[1]及与相关研究对比

技术	封存容量 / (10^8t)				产品	产量		
	P_{10}	P_{50}	P_{90}	其他机构预测		P_{10}	P_{50}	P_{90}
二氧化碳强化石油开采	—	47.6	—	中国地质大学，中国石油勘探开发研究院[2]：49；西北太平洋国家实验室[3]：46	原油 / (10^8t)	—	14.4	—
二氧化碳驱替煤层气	65	114	148	西北太平洋国家实验室：120；中国地质大学，中国石油勘探开发研究院：108.2	煤层气 / ($10^8 m^3$)	2880	5080	6590
二氧化碳强化天然气开采	—	40.2	—	中国地质大学，中国石油勘探开发研究院：43；西北太平洋国家实验室：43	天然气 / ($10^8 m^3$)	—	647	—
二氧化碳强化页岩气开采	393	693	899	—	页岩气 / ($10^8 m^3$)	66300	117000	152000
二氧化碳强化地热系统	8.1	29	106		地热 / (10^8J)	2.2×10^7	5.8×10^7	1.5×10^8
二氧化碳铀矿地浸开采	0.457	1.577	5.463		铀 / (10^4t)	6.5	7.8	9.1
二氧化碳强化深部咸水开采	12090	24170	41300	油气应对气候变化组织：30774[4]	咸水 / (10^8t)	12100	31400	66100

注：P_{10}、P_{50} 和 P_{90} 为 10%、50% 和 90% 置信度水平。

① Wei N，Li X C，Fang Z M，et al. 2015. Regional resource distribution of onshore carbon geological utilization in China. Journal of CO_2 Utilization，11：20-30.

② Lili Sun，Hongen Dou，et al. 2018. Assessment of CO_2 storage potential and carbon capture, utilization and storage prospect in China. Journal of the Energy Institute，91：970-977.

③ Pacific Northwest National Laboratory. 2009. Establishing China's potential for large scale, cost effective deployment of carbon dioxide capture and storage. https：//energyenvironment.pnnl.gov/news/pdf/us_china_pnnl_flier.pdf.

④ OGCI. 2020. CO_2 storage resource catalogue. https：//oilandgasclimateinitiative.com/CO_2-storage-resource-catalogue/.

---

[1] Sun Lili，Dou Hongen，et al. 2018. Assessment of CO_2 storage potential and carbon capture, utilization and storage prospect in China. Journal of the Energy Institute，91：970-977.

　　自20世纪60年代起，中国便开始关注二氧化碳驱油技术及其应用，并在中国石油吉林油田、中国石化胜利油田、延长油田等地区开展了二氧化碳驱油关键技术攻关和工业规模试验，最长的运行时间已超过10年。2010年至2017年，中国二氧化碳的累计注入量超过 $150 \times 10^4 t$，累计原油产量超过 $50 \times 10^4 t$，总产值约为12.5亿元❶。CO_2-EOR一直被认为是中国CCUS发展的重要早期机会，但目前的发展规模与 CO_2-EOR技术发达的美国和加拿大相比仍有一定差距。结合《科技部CCUS路线图》，中国主要在以下方面与发达国家存在差距：

　　（1）工程经验方面，美国和加拿大广泛部署的 CO_2-EOR项目为该技术的创新和优化积累了大量的基础工程经验，如二氧化碳混相机理和规律、二氧化碳管道腐蚀问题应对、二氧化碳注入后的监测体系等。中国目前仍处在基础技术研究阶段，并且积累的工程经验还不足以支撑 CO_2-EOR技术的突破性创新，仍需大量工程经验的积累。

　　（2）技术配套方面，美国和加拿大拥有大量的廉价二氧化碳来源，一是由于美国和加拿大有丰富的天然二氧化碳气田，二是他们广泛部署了高浓度排放源碳捕集项目。相比之下，中国目前二氧化碳成本过高，二氧化碳需求和供应缺乏有效衔接，也是阻碍 CO_2-EOR项目发展的一个因素。

　　（3）在产业链方面，目前美国和加拿大 CO_2-EOR项目商业化程度高，产业化链条已经形成，CO_2-EOR相关设备和技术成本已被压缩；相较而言，中国尚未形成商业化市场，没有成熟的产业化链条，导致相关设备和技术成本较高，也缺乏可出口的核心技术，未来仍需更多的示范项目来推动产业链的发展。

　　（4）在政策支持方面，中国与美国和加拿大相比也有较大差距。例如，美国采用Form-45Q政策对EOR和纯地质封存项目分别给予35美元/t CO_2 和50美元/t CO_2 封存的税收返还支持，而加拿大除了给予财政补贴还对每吨二氧化碳减排给予2t减排量的奖励（详见第3章）。

　　二氧化碳化工利用包括合成能源化品、高附加值化学品以及材料三大类，整体处于中试阶段。二氧化碳生物利用通过二氧化碳与生物质合成，转化为食品、饲料、肥料和生物燃料等产品，目前已经有部分技术实现商业化，但能够处理的二氧化碳总规模仅在万吨级水平，尚不能满足大规模减排二氧化碳的需求。二氧化碳物理利用主要将二氧化碳转化为干冰或应用于焊接、制药或食品，已经具备商业市场但总规模较小（全国总量不超过 $200 \times 10^4 t/a$），而且部分被利用的二氧化碳会被再次排放到大气，并不能带来实际的减排效益。

---

❶　科学技术部社会发展科技司和中国21世纪议程管理中心. 2019. 中国碳捕集利用与封存技术发展路线图（2019版）.

  二氧化碳地质封存手段包括废弃油气田封存、咸水层封存和废弃煤层封存。过去多项二氧化碳封存能力评估研究显示，中国有足够的封存容量容纳未来一个世纪大部分的工业排放量[1]。艾奎诺公司和BP公司合资项目自1996年起在挪威Sleipner气田每年捕集二氧化碳约100×10^4t，并注入离岸咸水层进行封存，以避免缴纳挪威对油气行业开征的高额离岸碳税[2]。国家能源集团（前神华集团）在鄂尔多斯的一座煤制油项目累计捕集二氧化碳约30×10^4t，并注入陆上咸水层进行封存和监测。中国目前有13项二氧化碳封存工程中试项目，如图2-5[3]所示。二氧化碳封存有关的国内外技术水平差距并不显著，但美国、挪威和加拿大有更丰富的工程实施经验。二氧化碳封存的运营阶段和封存地关闭阶段都需要实施监测，目前中国的二氧化碳监测仍处于研究和示范阶段，离产业化还有一定距离。

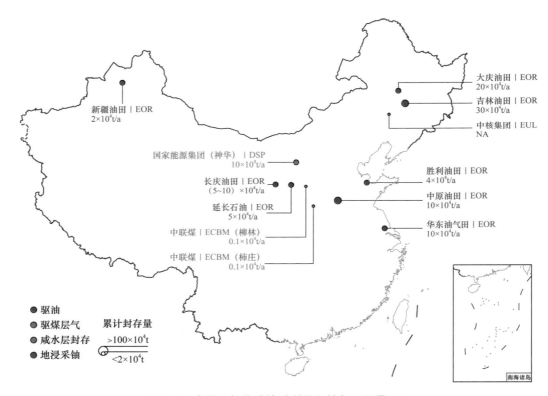

图2-5 中国二氧化碳地质利用和封存工程项目图

---

❶ Sun L，Dou H，Li Z，et al. 2015. Assessment of CO_2 storage potential and carbon capture，utilization and storage prospect in China. Journal of the Energy Institute，91（6），970-977.

❷ ICE. 2017. Sleipner carbon capture and storage project. https：//www.ice.org.uk/knowledge-and-resources/case-studies/sleipner-carbon-capture-storage-project.

❸ 生态环境部环境规划院 . 2019. 中国二氧化碳捕集、利用与封存（CCUS）报告（2019）.

二、技术成本趋势

碳捕集技术的经济性主要取决于排放源类型和使用的碳捕集技术。按照二氧化碳浓度水平，排放源可以分为四类：（1）高浓度（烟气干基浓度大于95%[1]）；（2）中浓度（烟气干基浓度为40%～95%）；（3）低浓度（浓度为1%～40%）；（4）空气浓度（空气中的二氧化碳浓度）。天然气加工、生物质制乙醇、化肥厂和化工厂的煤炭或天然气制氢装置属于高浓度排放源，其二氧化碳捕集成本较低，相关捕集技术，如变压吸附和膜分离技术非常成熟。然而，绝大部分排放源属于相对低浓度，包括传统火电厂、钢铁厂和水泥厂，碳捕集成本较高（图2-6[2]）。IEA预计全球在40美元/t水平以下减排成本的中高浓度二氧化碳共计约5×10^8 t[3]，但该部分排放量还不到人类活动造成的二氧化碳排放总量的2%；而低浓度大型排放源的二氧化碳排放占比相对较高，因此未来技术突破需要重点降低低浓度大型排放源的资本成本和能耗。由于空气中二氧化碳浓度极低（0.04%），从空气中分离二氧化碳（DAC）的成本远远高于电力和工业排放源碳捕集的成本；但DAC装置具有选址灵活的优势，规模化应用后能够节省运输和封存成本[4]。

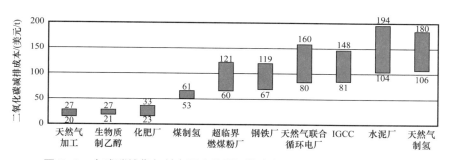

图 2-6　全球碳捕集与封存研究院预测的各行业 CCUS 减排成本范围

对于低浓度排放源，捕集成本占总成本的70%～80%[5]，运输成本占比为15%～20%[6]，而封存成本仅占总成本的5%～10%[7]。《中国CCUS技术发展路线图

[1]　IPCC. 2015. Chapter 2 sources of CO_2. In：IPCC special report on carbon dioxide capture and storage. https：//www.ipcc.ch/site/assets/uploads/2018/03/srccs_chapter2-1.pdf .

[2]　GCCSI. 2017. Global Cost of carbon capture and storage. 2017 updated.

[3]　IEA. 2019. Transforming industry through CCUS.

[4]　The National Academies of Sciences Engineering and Medicine. 2019. Chapter 5：direct air capture. In：negative emissions technologies and reliable sequestration：a research agenda. The National Academies Press. Washington，DC.

[5]　Patel M，Mutha N. 2004. Plastics production and energy. Encyclopedia Energy（3）：81-91.

[6]　王宝群，李会泉，包炜军 . 2012. 燃煤电厂 CO_2 捕集与咸水层封存全过程经济性模型 . 化工学报，63（3）：894-902.

[7]　王枫，朱大宏，鞠付栋，等 . 2016. 660MW 燃煤机组百万吨 CO_2 捕集系统技术经济分析 . 洁净煤技术，22（6）：101-105，39.

2019》研究显示[1]，燃烧后捕集技术发展相对成熟。当前燃烧后捕集成本为300～450元/t CO_2，以MEA吸收法为代表的燃烧后碳捕集技术即将进入二代技术的部署，这将极大地减少捕集成本[2]；而燃烧前捕集系统相对复杂，主要适用于整体煤气化联合循环发电系统（IGCC）、多联产和部分化工过程，捕集技术的成本为250～430元/t CO_2，能耗约为2.2GJ/t CO_2；富氧燃烧捕集技术的成本为300～400元/t CO_2。许多学者也曾针对特定的CCUS项目展开分析，研究结果与上述成本基本一致，如爱丁堡大学课题组[3]以宝钢湛江钢铁厂为例，建设50×10^4t/a的MEA化学吸收法碳捕集改造项目，计算该项目的捕集成本约为435元/t CO_2。

　　二氧化碳运输技术中比较成熟的是陆路车载运输和内陆船舶运输，主要应用于10×10^4t/a规模以下的二氧化碳运输，成本分别为1.10元/（t·km）和0.30元/（t·km）。未来，随着CCUS项目规模的提升，管道运输将成为主要的运输方式，管道共用将极大促进二氧化碳运输成本的下降。通过模拟美国5个地区的CCUS源汇匹配，Sabla等[4]发现建设二氧化碳运输管网能降低15%的运输成本。

　　Dahowski等[5]针对加拿大和美国48个州的封存成本展开研究，结果显示咸水层封存的成本为12～15美元/t；类似地，魏宁[6]、李小春[7]等认为我国地质封存的成本为60～120元/t。中英（广东）CCUS中心预测百万吨二氧化碳100km运输和离岸封存成本为100～150元/t水平。综合各方面专家的研究发现，运输和封存二氧化碳的成本取决于具体项目的规模和运输距离，其成本范围为50～250元/t。对于运输和封存成本，Mott-MacDonald工程公司认为，除了规模化降低成本，仍然可以通过应用新材料（如创新的管材和闭井水泥材料）、新设计、创新的二氧化碳监测方法（如四维地震）等途径实现成

[1] 科技部中国21世纪议程管理中心.2019.中国碳捕集、利用与封存技术发展路线图2019.北京:科学出版社.

[2] Langenegger S. 2016. SaskPower spending more to capture carbon than expected. CBC News.

[3] Xi L，Qianguo L，Hasan M，et al. 2019. Assessing the economics of CO_2 capture in China's iron/steel sector：a case study. ICAE2018 on Applied Energy（158）：3715-3722.

[4] Sabla Y A，Dhabia M A. 2020. Exploring tradeoffs in merged pipeline infrastructure for carbon dioxide integration networks. Sustainability（12）：1-14.

[5] Dahowski R T，Dooley J J，Davidson C L，et al. 2005. A CO_2 storage supply curve for north America. IEA Greenhouse Gas R&D Programme.

[6] 魏宁,姜大霖,刘胜男,等.2020.国家能源集团燃煤电厂CCUS改造的成本竞争力分析.中国电机工程学报,40（4）：1258-1265，1416.

[7] 李小春,魏宁,方志明,等.2010.碳捕集与封存技术有助于提升我国的履约能力.中国科学院院刊,25(2)：170-171.

本下降[1]。

　　CCUS技术成本将随着越来越多项目的部署而迅速下降。成本下降可以通过技术突破（如使用创新的膜分离法代替化学胺法捕集二氧化碳）和经验曲线模式实现（如化学胺法捕集法的资本投资成本和能耗逐步下降，如图2-7[2]的历史数据所示）。类似的低碳技术成本下降模型已经在可再生能源技术发展中得到体现，如太阳能光伏、陆上风电和海上风电的造价随着应用规模扩大而下降。其中，脱硫技术是与燃烧后化学胺法最接近的捕集技术，其投资成本在1965年至2005年按照17%的学习速率（Learning Rate）下降，即全球产能每翻一番，脱硫设备单位投资成本就会降低17%[3]。例如，加拿大边界大坝CCUS项目有着全球首个电力行业百万吨级别碳捕集项目。国际CCS知识分析中心认为，如果在同样的工况下开发二期装置，碳捕集成本将比一期下降67%[4]。图2-8揭示了未来CCUS成本下降的趋势，是Rubin[5]基于IEA和IPCC的研究，并结合CCUS项目部署的不同阶段（研发、中试、示范、大规模部署和完全商业化）所开展的CCUS的成本预测。

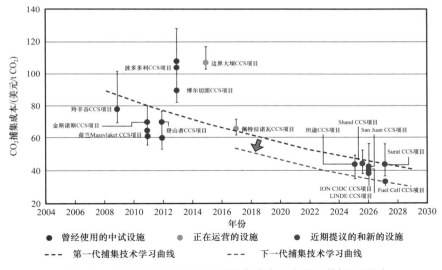

图 2-7　燃煤电厂胺法燃烧后碳捕集成本历史项目数据及预测
以 2017 年美元汇率为基准

❶　Mott-MacDonald. 2012. Potential cost reductions in CCS in the power sector. Discussion Paper，May 2012. https：//www.globalccsinstitute.com/archive/hub/publications/47086/deccpotentialcostreductionsin-ccs.pdf.

❷　GCCSI. 2020. CCS talks：the technology cost curve. 4 June 2020. https：//www.globalccsinstitute.com/news-media/events/ccs-talks-the-technology-cost-curve/.74 SBC Energy Institute，t2016.

❸　Rubin E. 2014. Reducing the cost of CCS through "learning by doing".

❹　Giannaris S，et al. 2020. Cost of capturing CO_2 drops 67% for next carbon capture plant.

❺　Rubin E S. 2016. CCS cost trends and outlook. Invited presentation to Technologies and Opportunities Engineering Conferences. Mexico.

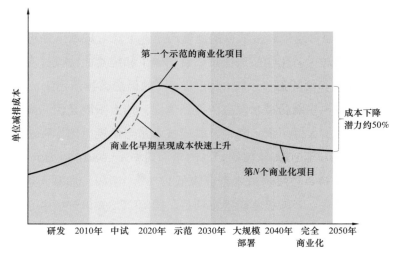

图 2-8 CCUS 项目综合成本下降趋势

　　根据现有工程力量和上述研究团队的成果，分别预测目前在煤制氢（高浓度排放源）和火电厂（低浓度排放源）开展包含100km运输和咸水层封存的500×10⁴t级别CCUS项目的成本。综合各方面专家意见和文献结果，上述项目运输和封存成本范围设定为50～150元/t CO₂，为CCUS集群建设提供参考。该预测显示，依据CCUS技术的减排成本变化趋势（表2-2和图2-9），低浓度排放源（如燃煤电厂）有较大成本下降潜力，高浓度排放源为CCUS实现二氧化碳低成本减排提供早期机会。随着CCUS集群（如千万吨级别）的设立，预计该成本将通过规模效应和共享基础设施而进一步下降。

表 2-2　预计典型 CCUS 项目的减排成本

烟气类型	捕集技术	减排成本 /（元 /t CO₂）					
		2025 年	2030 年	2035 年	2040 年	2045 年	2050 年
煤制氢（高浓度排放源）	变压吸附	150～250	126～226	115～215	108～208	104～204	100～200
燃煤电厂（低浓度排放源）	化学胺	360～460	290～390	244～344	222～322	212～312	201～301

注：成本类型为生命周期平准成本。

　　具体来说，开发低成本的管道防腐材料或涂料、管道耐压材料，有利于降低CCUS系统成本。对于陆上封存潜力受限制的国家和地区，如西欧和中国东南沿海，发展船舶运输技术能够降低未来"碳锁定效应"带来的经济风险。二氧化碳封存地的识别与封存地二氧化碳的监测技术将支撑CCUS产业的高附加值咨询业务的发展。

　　自2014年以来，CCUS的技术内涵和政策环境发生了很大变化。其中，对CCUS定义的认知发生了两个主要的变化：一是认为部分高浓度排放源可以不经过分离直接加以利用或封存；二是不强调二氧化碳与大气的长期隔离，以实现实际减排作为量化的依据。

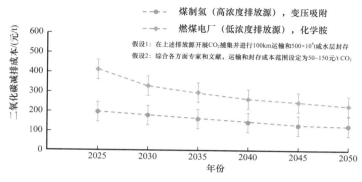

图 2-9　预计典型 CCUS 项目的减排成本

CCUS技术内涵的进一步丰富及外延，使得新型技术不断涌现，种类不断增多。除此之外，还明确了捕集技术的代际划分以及代际平稳过渡的工作部署，如低能耗的第二代捕集技术（如非水化学溶液、低电耗膜分离技术）将促进CCUS技术能耗成本降低、向更高技术含量发展，以求更广泛的应用。同时，对CCUS的认知已经从技术层面上升到复杂的集群系统层面。部分CCUS技术，如第一代胺溶液分离、提高石油采收率、二氧化碳注入油田和空气分离装置已经成熟，并进入商业化阶段（图2-10[1]）。

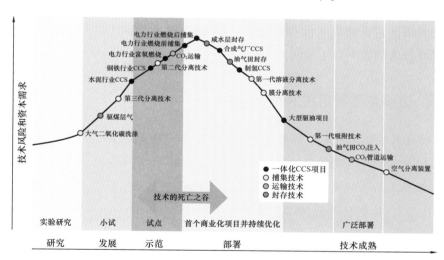

图 2-10　CCUS 系统各技术环节所处的阶段

三、项目部署

虽然中国部署CCUS示范项目的投资数量有限，但在规模上取得一定增长，在技术上取得了很大进步。通过中试项目（图1-5），CCUS第一代技术的性能、成本和能效得到

改善，有望推动示范规模的扩大；防腐、驱水等CCUS第二代技术取得突破，但核心技术仍与国外存在一定差距。

如上文所述，中国潜在的二氧化碳封存能力能够满足中国电力和工业大幅度减排二氧化碳的需求[1]。中国西北、中部、华北和东北地区有大量的适宜性封存地，而东部和东南地区需要依靠离岸封存地减排二氧化碳，二氧化碳地质利用和封存项目的发展潜力巨大。根据各方面的研究[2][3]，中国油气田、咸水层和不可开采的煤层封存二氧化碳的潜力为2×10^{12}t以上，超过中国200年的二氧化碳排放总量。同时，二氧化碳有潜力提高15%～20%的石油采收率和提高10%～30%的煤层气采收率。作为早期机会，提高能源采收率将具有可观的经济效益，并同时降低油气进口水平。

中国在CCUS项目方面取得了系统性突破，已成功开展了10×10^4t/a规模的CCUS全流程示范。中国已建成7个10×10^4t级以上二氧化碳捕集示范装置，覆盖燃煤电厂的燃烧前、燃烧后和富氧燃烧多种捕集技术、燃气电厂的燃烧后捕集和煤化工捕集技术，以及水泥窑尾气燃烧后捕集技术。中国现有1座已建成的大型全流程示范工程和8个正在开发的大型全流程CCUS项目。此外，中国已从中试和大型示范项目中获得了CCUS系统集成设计、建设和运行的宝贵经验。同时，广东华润海丰电厂成立了亚洲第一个碳捕集技术测试平台，是继美国国家碳捕集中心（NCCC）和挪威蒙斯塔德碳捕集中心（TCM）后世界上第三个碳捕集技术测试平台（案例2-1）[4]。

案例 2-1 **碳捕集和利用技术测试平台**

CCUS的技术创新和成本下降是未来CCUS商业化的主要动力，也是化石能源产业低碳转型升级的关键条件。围绕降低碳捕集成本和推动二氧化碳监测技术创新，美国能源部重点支持了亚拉巴马州的美国国家碳捕集中心（National Carbon Capture Center，NCCC）[图2-11（a）]和伊利诺伊州二氧化碳封存项目（Illinois Industrial CCS Project，

---

[1] OGCI. 2020. CO_2 storage resource catalogue. https：//oilandgasclimateinitiative.com/CO_2-storage-re-source-catalogue/.

[2] 科学技术部社会发展科技司和中国 21 世纪议程管理中心 . 2019. 中国碳捕集利用与封存技术发展路线图（2019 版）.

[3] Pacific Northwest National Laboratory（西北太平洋国家实验室）. 2009. Establishing China's potential for large scale，cost effective deployment of carbon dioxide capture and storage（开发中国在大型、低成本二氧化碳捕集与封存方面的潜力）[EB/OL]. http：//energyenvironment.pnnl.gov/news/pdf/us_china_pnnl_flier.pdf，2009-10-14/2016-08-07.

[4] 中国能源网 . 2020. 华润电力（海丰）有限公司碳捕集测试平台项目 . http：//www.cnenergynews.cn/zhuanti/2020/09/15/detail_2020091576974.html.

IICP）。NCCC项目通过使用现有燃煤机组的真实烟气，对酶、膜、吸收剂、吸附剂等多种碳捕集关键技术进行测试。在过去10年，NCCC累计测试了超过40种不同的二氧化碳捕集技术，总运行数达到11×10^4h。更值得注意的是，NCCC对膜捕集技术的测试处于世界领先地位，如对Proteus和Polaris膜技术的测试和优化，推动了膜技术的不断成熟和验证其商业可行性的进程。其所有测试项目均采用真实烟气，对任何技术的放大和试点项目的开展提供了可靠依据。而IICP项目采用了多种监测技术，实施智能监测系统（Intelligent Monitoring System），测试不同的监测技术，对二氧化碳、管道腐蚀、地下水进行监测，同时促进监测软件和硬件创新。

　　挪威和中国也采用类似做法来推动碳捕集技术创新和成本下降。2012年建成的挪威蒙斯塔德技术中心（Technology Center Mongstad，TCM）［图2-11（b）］和2019年建成的华润电力海丰碳捕集测试平台［图2-11（c）］都致力于测试多种碳捕集技术以降低碳捕集成本，推动二氧化碳利用技术的商业化。2020年3月，TCM的成绩获得了挪威政府的肯定，批准其继续运营到2023年底。2020年9月，TCM开展对第二代溶剂CESAR 1的测试。该溶剂添加了多种创新型的化合物，理论上可以大大降低捕集成本。此项测试将在TCM的炼油厂的真实烟气展开，同时对健康、安全和环境问题进行监测与管理，并希望通过该测试总结该溶液的关键技术经济指标，为下一代二氧化碳捕集溶剂的研发提供方向和示范，提高捕集溶液的创新性。

　　华润电力海丰碳捕集测试平台在运行初期将针对一套并联的MEA碳捕集测试技术和膜碳捕集技术进行测试，其捕集规模为20000t/a。该项目可以提纯食品级二氧化碳，同时为引进其他测试技术预留了场地和接口。

(a) 美国国家碳捕集技术中心　　　　　(b) 挪威蒙斯塔德技术中心　　　　　(c) 华润电力海丰碳捕集测试平台

图 2-11　CCUS 测试平台

在全流程示范项目上，目前投入运营的10×10^4t/a以上的一体化CCUS项目分别为中国石油的吉林油田项目和国家能源集团（重组前的神华集团）的煤制油碳捕集与封存项目。吉林油田项目首次使用了管道运输——从高浓度排放源捕集二氧化碳，并通过提高石油采收率提升了经济效益（案例2-2）。神华煤制油项目是国内首个开展咸水层二氧化碳封存和监测的项目，该项目通过槽车运输至附近的封存地，从煤直接液化的高浓度排放源捕集二氧化碳，并对封存地进行监测。该项目对未来以减排为目的的CCUS技术应用具有重要的示范意义。但是，由于中国缺乏足够高水平的碳价格和CCUS专项支持政策，项目的商业化运营仍面临显著压力。

案例 2-2　吉林油田全流程 CCUS 项目案例

2008年，中国石油吉林油田就已经建成了CO_2-EOR先导试验区，这是中国第一个CO_2-EOR项目示范区，也是中国第一个全流程CCUS项目。该项目由中国石油长岭气田提供二氧化碳，通过十几千米的管道运输到驱油示范区。截至2019年，该项目已经陆续投产建成了69个注气井组，累计注入145×10^4t二氧化碳，增油13×10^4t；同时解决了伴生气中含二氧化碳的问题，实现了伴生气中二氧化碳的循环注入，达到了二氧化碳零排放（图2-12）。经过十余年的试验，吉林油田依托国家重大科技专项与中国石油重大科技专项的支持，研发了多项关键工程技术，打造了中国CO_2-EOR试验基地，并创新了独立的科研体系。

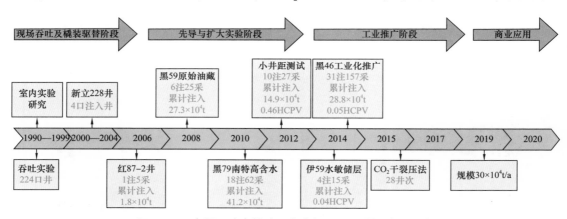

图 2-12　中国石油吉林油田全流程 CCUS 项目发展历史

由于气源与封存场地距离超过10km，采用管道运输二氧化碳，运输成本约为0.3元/（t·km）。目前，吉林油田有液相和超临界注入两种注入方式：气井气液相注入的成本约130元/t，超临界注入的成本约120元/t；伴生气液相注入的成本约190元/t，超临界注入的成本约170元/t，超临界状态注入成本低于液相注入成本。预计未来项目会开拓气源，提升跨行业协同操作能力，实现跨行业的减排效益和社会作用。技术上将会加大密相注入技术的研发。

如图2-13和表2-3所示，国内目前处于开发阶段的大型一体化CCUS项目有7个，包括中国石油西北CCUS产业促进中心（CCUS hub）项目、中国石化齐鲁—胜利油田项目、中国石化华东项目、延长石油一体化CCUS项目、神华宁夏煤直接液化CCUS项目、华能IGCC项目三阶段和华润电力海丰碳捕集及离岸封存示范项目。所有大型一体化示范项目的开发均由大型能源企业牵头。中国石油西北CCUS产业促进中心项目提出中国首个CCUS集群设计，预计2030年将达到300×10^4t封存量规模，中长期达到千万吨规模。该项目同时得到OGCI的支持，成为OGCI在全球部署的五大项目集群之一❶。

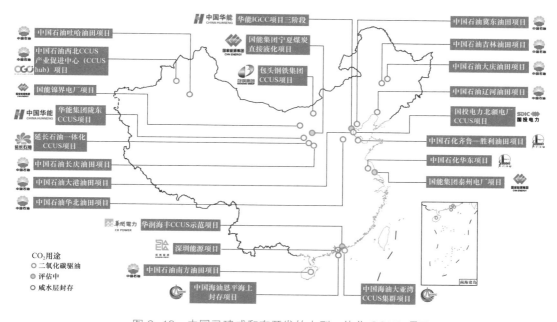

图 2-13　中国已建成和在开发的大型一体化 CCUS 项目

需要特别指出的是，在二氧化碳地质封存和利用方面，中国已经积累了丰富的工程实施经验，并已将二氧化碳强化石油开采技术应用于多个驱油与封存示范项目。2007—2019年，我国累计注入二氧化碳约200×10^4t，完成了每年输送能力100×10^4t的大规模管道项目的初步设计，开展了离岸封存的可行性研究；二氧化碳化工利用已完成重整制备合成气技术、合成可降解聚合物技术、合成有机碳酸酯技术的示范。目前，中国CCUS技术研发活动已经由政府指导，科研单位、高等院校和企业共同开展基础和应用研究以及试点

❶ OGCI. 2019. Kickstarting CCUS. https：//oilandgasclimateinitiative.com/action-and-engagement/re-moving-carbon-dioxide-ccus/#kickstarter/.

示范，逐渐转换到政府指导、企业牵头、协同科研单位和高等院校等不同技术层面的实施主体共同实施项目示范及相关理论研究；共同推进CCUS领域的技术创新和应用发展，如通过技术测试促进技术商业化和成本下降（案例2-1）。目前，中国整体的CCUS发展已经有较为丰富的基础研究，已经进入从技术研发和工程示范阶段逐步转向商业化部署的进程中。

表 2-3　中国已建成和在开发的大型一体化 CCUS 项目

编号	项目名称	规模 /（10^6t/a）	捕集技术	利用技术	牵头单位	预计运营时间
1	中国石油大庆油田项目	2.0	工业分离	CO_2-EOR	中国石油	2021—2030 年
2	中国石油吉林油田项目	1.0	工业分离	CO_2-EOR	中国石油	2021—2030 年
3	中国石油长庆油田项目	3.0	工业分离	CO_2-EOR	中国石油	2021—2030 年
4	中国石油西北 CCUS 产业促进中心（CCUS hub）项目	3.0	工业分离	CO_2-EOR	中国石油	2021—2030 年
5	中国石油辽河油田项目	0.2	工业分离	CO_2-EOR	中国石油	2021—2030 年
6	中国石油冀东油田项目	0.2	工业分离	CO_2-EOR	中国石油	2021—2030 年
7	中国石油大港油田项目	0.2	工业分离	CO_2-EOR	中国石油	2021—2030 年
8	中国石油华北油田项目	0.2	工业分离	CO_2-EOR	中国石油	2021—2030 年
9	中国石油吐哈油田项目	0.3	工业分离	CO_2-EOR	中国石油	2021—2030 年
10	中国石油南方油田项目	0.1	工业分离	CO_2-EOR	中国石油	2021—2030 年
11	中国石化齐鲁一胜利油田项目	1.0	燃烧后捕集	CO_2-EOR	中国石化	2020—2030 年
12	中国石化华东项目	0.5	工业分离	CO_2-EOR	中国石化	2021 年
13	中国海油大亚湾 CCUS 集群项目	10.0	工业分离	CO_2-EOR 或咸水层封存	中国海油	2022—2030 年
14	中国海油恩平海上封存项目	0.3	工业分离	咸水层	中国海油	2020—2030 年
15	延长油田 CCUS 项目	0.5	工业分离	CO_2-EOR	延长石油	2020—2021 年
16	华能集团陇东 CCUS 项目	0.15	燃烧后捕集	CO_2-EOR 或咸水层封存	华能集团	2022—2030 年
17	华能集团 IGCC- 项目三阶段	0.2	燃烧前捕集	CO_2-EOR	华能集团	2020—2030 年
18	国能宁夏煤炭直接液化项目	2.0	工业分离	CO_2-EOR 或咸水层封存	国能集团	2020—2030 年
19	国能锦界电厂 CCUS 项目	0.15	燃烧后捕集	CO_2-EOR	国能集团	2020—2030 年
20	国能泰州电厂 CCUS 项目	0.5	燃烧后捕集	CO_2-EOR	国能集团	2020—2030 年
21	华润海丰 CCUS 示范项目	1.0	燃烧后捕集	CO_2-EOR 或咸水层封存	华润电力	2020—2030 年
22	包头钢铁集团 CCUS 项目	2.0	工业分离	CO_2-EOR 和化工利用	包头钢铁集团	2022—2030 年
23	国投电力北疆电厂 CCUS 项目	1.0	燃烧后捕集	CO_2-EOR 和化工利用	国投集团	2022—2030 年
24	深圳能源项目	0.5	燃烧后捕集	CO_2-EOR 或咸水层封存	深圳能源	2025—2030 年

除了加快CCUS试点示范项目的部署，国际上对于CCUS集群项目的建设也越来越重视。如计划于2026年启动的英国Net Zero Teesside（NZT）[1]和Zero Carbon Humber（ZCH）[2]项目，旨在在英国最大的工业聚集地Teesside和Humberside地区建立脱碳产业集群，通过碳捕集、氢能利用和燃料转化的组合降低碳排放，力争最早在2030年实现净零排放（案例2-3）。在OGCI的支持和推动下[3]，中国石油也将在未来分阶段积极推动CCUS产业集群的建设。第一阶段，中国石油计划以制氢厂和加氢型炼厂聚集区为基础，开展碳捕集集群建设，并搭建相关管道运输系统，以及二氧化碳地质封存和利用系统，该阶段每年拟捕集二氧化碳约150×10^4t。第二阶段将二氧化碳捕集来源扩展到周边的燃煤电厂、钢铁厂、水泥厂和其他高排放工业，同时扩展运输系统，该阶段每年拟捕集300×10^4t二氧化碳。第三阶段将进一步放大捕集和封存量，实现国内首个千万吨级CCUS项目集群。

案例 2-3 英国脱碳产业集群及海上二氧化碳封存项目

2020年10月26日，BP公司、埃尼集团（ENI）、艾奎诺公司（Equinor）、英国国家电网（National Grid）、壳牌公司（Shell）和道达尔能源（Total Energies）确立合作伙伴关系，组建Northern Endurance Partnership（NEP），目的是共同开发海上基础设施，计划在英国北海每年安全运输和封存数百万吨二氧化碳。

该合作以BP公司为运营商，建立的海上基础设施将为较早前提出的Net Zero Teesside（NZT）和Zero Carbon Humber（ZCH）项目提供服务。这两个项目旨在在英国最大的工业聚集地Teesside和Humberside地区建立脱碳产业集群。Teesside地区工业碳排放量占英国总排放量的5.6%，而Humberside地区每年可排放1240×10^4t CO_2；同时，这两个地区毗邻北海，潜在的咸水层、油气田封存资源丰富，还有一定的管网基础。两个项目均计划于2026年启动，通过碳捕集、氢能利用和燃料转化的组合降低碳排放，力争最早在2030年实现净零排放（图2-14）。

通过该合作关系，各方将尽快加速海上运输管网的发展，将从Teesside和Humberside地区捕集到的CO_2输送到英国北海Endurance地区进行地质封存。Endurance距Teesside海岸约145km，距Humberside海岸约85km，是英国近海大陆架最成熟的咸水层，有实现两个集群同时完成工业脱碳的潜力。其中，较早确立的Teesside项目预计正式运行后每年封存$300 \times 10^4 \sim 500 \times 10^4$t CO_2。

---

[1] Net Zero Teesside. https：//www.netzeroteesside.co.uk/.

[2] Zero Carbon Humber. www.zerocarbonhumber.co.uk/.

[3] OGCI. 2020. Reducing carbon dioxide emissions. https：//oilandgasclimateinitiative.com/action-and-engagement/reducing-carbon-dioxide-emissions/.

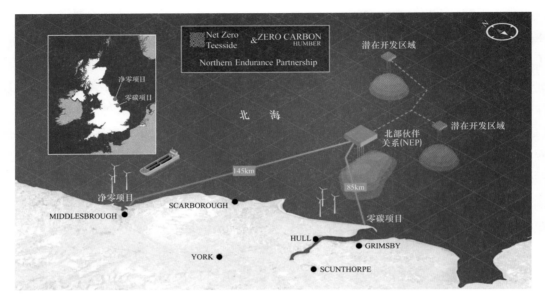

图 2-14　英国脱碳产业集群及海上二氧化碳封存项目

第二节　部署 CCUS 的影响

一、气候减缓效益

2020年，中国提出于2060年实现碳中和的愿景。因此，应对气候变化的投入将日益增加。2019年，化石能源仍占中国能源消费的80%以上[1]；而CCUS技术是中国传统能源行业减排的重要手段，也是中国转变发展方式、实现可持续发展的重要途径。引入CCUS技术将对中国的低碳发展具有越来越重要的战略意义[2]。如图2-15[3]所示，火力发电和工业生产是中国主要的碳排放来源，二者碳排放占比超过70%，是未来中国碳减排的重点关注行业。CCUS在这些行业的部署将大幅提高中国工业部门的减排能力，同时为这些行业未来的低碳发展提供技术保障。

气候变化是人类命运共同体的重要纽带。部署CCUS还将有利于中国增强国际合作，保障国家油气能源安全。中国是石油和天然气的最大输入国家，油气安全供应容易受地缘政治关系的影响，从而影响国内工业生产的稳定和发展；中国部署CCUS将为全球带来非常显著的减排量。与可再生能源和核能不同，CCUS的减排活动是可以随时终止的。因

---

[1]　南方电网能源发展研究院 . 2019. 中国能源发展报告（2019 年）.

[2]　国家应对气候变化战略研究和国际合作中心 . 2017. 我国碳捕集、利用和封存的现状评估和发展建议 .

[3]　于鹏伟，张豪，魏世杰，等 . 2019. 2017 年中国能源流和碳流分析 . 煤炭经济研究，39（10）：15-22.

此，CCUS带来的减排量和能源消耗可以视为一种虚拟的战略储备，能降低由自然或人为原因造成油气供应中断等情景发生的可能性❶。

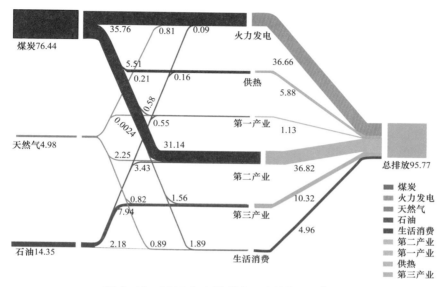

图 2-15　2017 年中国碳流图（单位：10^8t）

科技部在2019年发布的CCUS技术路线图中预测，2030年中国将会实现2000×10^4t年捕集量，并会在后续十年扩大10倍至2×10^8t，在2050年实现8×10^8t的水平（表2-4）。2015年，亚洲开发银行在国家发展和改革委员会应对气候变化司的支持下（现转隶为生态环境部应对气候变化司），发布了《中国CCS路线图》，预测CCUS将在2030年为中国贡献4000×10^4t的减排量，并会在2040年和2050年分别上升到4.4×10^8t和24×10^8t的水平。国家应对气候变化战略研究和国际合作中心与清华大学也对实现深度减排进行了情景分析。该分析预测在70美元/t的高碳价格下，CCUS技术将在2040年为中国贡献12×10^8t碳减排量，在2050年增加至27×10^8t来实现深度减排。IEA则预测，在实现2℃情景下，CCUS将会在2030年为全球贡献20×10^8t减排量，到2050年将达到75×10^8t。IEA最新的情景预测，2040年的全球CCUS项目数量将会比现在增加200倍，至4000个项目。此外，由美国发起，包括中国在内等24个国家参与的部长级多边机制碳收集领导人论坛（CSLF）预测，2025年全球每年需要避免4×10^8t CO_2排放至大气，而到2035年全球每年则需要避免24×10^8t CO_2排放至大气❷。目前各国对于2060年的CCUS目标还有争议，主要在于封存量是否会在2050年左右达到峰值。

❶ Liang X，Reiner D. 2013. Resolving the tension between CCS deployment and Chinese energy security. Environmental Science and Technology 43：4963-4964.

❷ CSLF（Carbon Sequestration Leadership Forum）. 2017.2017 Carbon Sequestration Technology Roadmap.

表 2-4　各单位对 CCUS 技术应用的目标或预测

研究单位	国家或地区	发布年份	封存量或减排量 /（10^4t CO_2）			
			2030 年	2040 年	2050 年	2060 年
科技部社会发展科技司和 21 世纪议程中心的封存量目标	中国	2019	2000	20000	80000	不适用
亚洲开发银行及国内外 CCUS 专家减排量目标	中国	2015	4000	44000	240000	不适用
DDPP 中国深度减排项目的减排量预测	中国	2015	不适用	120000	270000	不适用
IEA 2℃情景 CCUS 减排量预测	全球	2013	>200000	不适用	>750000	不适用
IEA 可持续发展情景 CCUS 减排量预测	全球	2019	2040 年实现 4000 个项目，2019 年至 2050 年平均每年捕集和永久封存 15×10^8t CO_2			不适用

　　《科技部CCUS路线图》和亚洲开发银行CCS路线图均建议中国在2030年前需要推动CCUS在高浓度二氧化碳排放源进行广泛应用，同时在2030年左右建成多个百万吨级燃煤电厂示范项目。然而，目前全球范围内，钢铁、水泥和炼化的低浓度大型工业排放源仍然缺乏示范项目。从产业发展的角度，中国同样需要2030年前在各主要行业实现典型项目的大型示范。《科技部CCUS路线图》建议把钢铁、水泥、炼化等工业排放源纳入区域CCUS集群（图2-16[❶]），有利于开展CCUS项目前期低浓度工业排放源的开发。

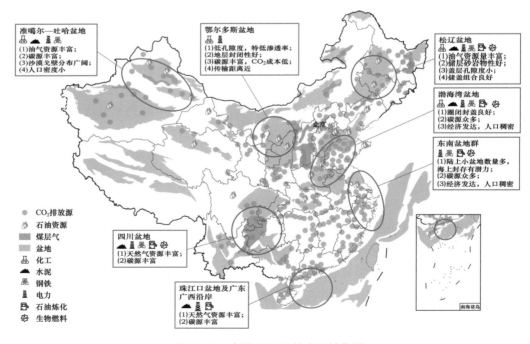

图 2-16　中国 CCUS 技术区域集群

---

❶ 科技部社会发展科技司和中国 21 世纪议程管理中心 . 2019. 中国碳捕集利用与封存技术发展路线图（2019 版）.

二、环境协同效应

除温室气体减排外，CCUS技术可能带来其他一系列环境影响，其影响也与技术选择和应用情景的不同而有所不同。整体上，CCUS有利于降低其他环境污染物的排放。

例如，在胺法吸收塔前安装预处理装置可能会产生正向的环境协同效应，降低烟气中的含硫量和颗粒物含量，同时避免二者导致的溶液损耗。美国能源部国家能源技术实验室（NETL）的研究结果表明，在燃煤电厂实施CCUS能够降低76%的氮氧化物（NO_x）、46%的硫化物（SO_x）和97%的粉尘（PM）的排放量[1]。华润海丰在碳捕集测试平台建设过程中，通过水洗和碱洗方式将电厂超洁净的烟气水平（35mg/m³以下的含硫量和5mg/m³以下的颗粒物）进一步下降至含硫量20mg/m³以下和3mg/m³的颗粒物排放水平。

如果直接使用以胺溶液为溶剂的燃烧后捕集技术开展CCUS，而不是安装预处理装置，会使得以下潜在污染情况发生的可能性均增加约40%：电厂的光化学氧化物形成潜势、富营养化潜势、酸化潜势、PM形成潜势。这些环境影响主要来自电厂运行捕集设备所产生的额外能耗（根据电厂效率不同，运行捕集设备可产生23%～40%的额外能耗）[2]。

结合IGCC技术，燃烧前捕集技术在电力行业的应用能够大幅度降低传统大气污染物排放。配备IGCC技术的电厂的二氧化硫和粉尘排放均比燃煤电厂少1%，氮氧化物排放只有常规锅炉燃煤电厂的30%；而在IGCC电厂加装CCUS设备可在此基础上进一步减少25%的电厂颗粒排放物（PM），减少10%氮氧化物排放[3]。

富氧燃烧技术在实现二氧化碳捕集的同时还有利于减少其他排放物的排放[4]。使用相对纯氧（体积分数95%～100%）的富氧燃烧工艺的主要优点是可以增加烟气中的二氧化碳浓度，从而降低燃烧后气体的处理难度，以便捕集二氧化碳（干燥时高达95%）。由于炉内空气流动通常在略低于大气压的压力下工作，即使炉内有少量残余，氮气也不会进入燃烧器。而烟气主要由二氧化碳、水、空气（氧气、氮气、氩气等）和各种杂质组成，能够大幅度降低氮氧化物的排放。

[1] NETL（National Energy Technology Laboratory）. 2010. Life cycle analysis：existing pulverized coal（EXPC）power plant. Report Number DOE/NETL-403-110809. Morgantown，WV：NETL.

[2] Viebahn P，Nitsch J，Fischedick M，et al. 2007. Comparison of carbon capture and storage with re-newable energy technologies regarding structural，economic，and ecological aspects in Germany. International Journal of Greenhouse Gas Control，1（1）：121-133.

[3] NETL（National Energy Technology Laboratory）. 2010. Life cycle analysis：existing pulverized coal（EXPC）power plant. Report Number DOE/NETL-403-110809. Morgantown，WV：NETL.

[4] Dunyu Liu，et al. 2016. CO_2 quality control in oxy-fuel technology for CCS：SO_2 removal by the caustic scrubber in calliede oxy-fuel project. International Journal of Greenhouse Gas Control（51）：207-217.

　　CCUS技术的环境风险主要来自设备额外耗能所产生的气体污染物，以及溶剂的生产和使用。另外，受技术选择、运输方式和距离、封存方式等多种因素影响，若把二氧化碳的运输与封存纳入系统考虑，CCUS技术所带来的环境影响具有更大的不确定性[1]。根据美国国家能源技术实验室（NETL）的研究报告[2]，在各类电厂加装CCUS设施全流程所带来的NO_x、SO_x、PM排放变化有较大的不确定性，分别为：NO_x排放降低78%[3]至增加38%[4]，SO_x排放降低90%[5]至增加100%[6]，粉尘颗粒物排放降低94%[7]至增加43%[8]。

　　在大规模应用CCUS技术时，合理选择CCUS技术并加装烟气处理设施，可在实现温室气体减排的同时产生积极的环境协同效应，包括降低氮氧化物、硫化物和粉尘排放等。以进行烟气预处理的燃烧后捕集技术为例，若将中国的电力、水泥和钢铁行业产生的40%二氧化碳采用胺法燃烧后碳捕集技术，并使用预处理技术，CCUS预计将分别降低上述三个行业硫化物（SO_x）总排放的12%、28%和24%，以及降低颗粒物（PM）排放量的20%、24%和22%。

　　在电力行业，CCUS技术与生物质的结合将具有大规模应用潜力，并且可以实现环境治理协同效应。有研究[9]指出，在生物质与煤共气化及碳捕集与封存（CBECCS）技术的零碳排放系统情景下，利用中国25%的农作物秸秆可实现18.1%的总发电量；在空气污染较为严重的华北地区，该系统可分别实现减少SO_2、NO_x、$PM_{2.5}$和黑炭排放的5.2%、3.6%、12.2%和3.8%，从而改善当地的人群健康条件。

　　另外，应用CCUS技术的火电厂和水泥厂能够混烧垃圾，促进城市污染物治理的协同作用。高比例的垃圾混烧能够提高捕集率，甚至实现负碳排放。因此，未来"净零排放"和

---

[1] IPA. 2020. Setting up CCUS projects for success：overcoming Front-End development barriers. https：//www.ipaglobal.com/news/article/setting-up-ccus-projects-for-success-overcoming-front-end-development-barriers/.

[2] NETL（National Energy Technology Laboratory）. 2010. Life cycle analysis：existing pulverized coal（EXPC）power plant. Report Number DOE/NETL-403-110809. Morgantown，WV：NETL.

[3] 434MW 的燃煤电厂，采用胺吸收燃烧后捕集技术，CO_2 管道运输 400mile 后封存；可实现 NO_x 减排.

[4] 550MW 的超临界燃煤电厂，采用增加脱硫装置的 Econamine FG Plus 捕集技术，CO_2 管道运输 100mile 后封存；会增加 NO_x 排放.

[5] 550MW 的超临界燃煤电厂，采用增加脱硫装置的 Econamine FG Plus 捕集技术，CO_2 管道运输 100mile 后封存；可实现 SO_x 减排.

[6] 555MW 的 NGCC 电厂，采用 Econamine 燃烧后捕集技术，CO_2 管道运输 100mile 后封存；会增加 SO_x 排放.

[7] 434MW 的燃煤电厂，采用胺吸收燃烧后捕集技术，CO_2 管道运输 400mile 后封存；可实现 PM 减排.

[8] 550MW 的超临界燃煤电厂，采用增加脱硫装置的 Econamine FG Plus 捕集技术，CO_2 管道运输 100mile 后封存；会增加 NO_x 排放.

[9] Lu X，Cao L，Wang H，et al. 2019. Gasification of coal and biomass as a net carbon-negative power source for environment-friendly electricity generation in China. Proceedings of the National Academy of Sciences，116（17）：8206-8213.

"负排放"垃圾处理装置将会在国际市场具有一定前景。目前国内还没有开展有关CCUS和垃圾燃烧锅炉结合的大型示范工程，但部分水泥厂和电厂试验垃圾混烧的效果良好。挪威正在对垃圾发电厂碳捕集项目进行工程前端设计（FEED），以实现垃圾发电综合近零排放❶。

　　综上所述，CCUS技术将带来总体正面的环境影响，但仍具有一定不确定性。具体的影响随着更多中试项目的投入运营会有更可靠的数据结论。现有研究表明（表2-5），该技术的环境协同效应体现在以下三个方面：通过提升工艺要求减少燃煤电厂空气污染物的排放量；通过更清洁的IGCC技术和生物质能源技术结合实现比燃煤电厂更少的污染物排放；通过预留高比例垃圾混烧的可能性，带来处理城市垃圾的协同效应。这些协同效应都是基于化石能源无法被完全替代的前提而成立的。CCUS作为负排放技术，有助于协助能源和工业抵消难以减少的排放，将为中国从化石能源为主的能源结构向低碳多元供能体系转变的过程提供重要的技术保障，并且在全球实现碳中和的技术路径中具有重要的战略意义。

表 2-5　CCUS 技术环境影响的典型研究及主要结论

研究人员	研究对象	捕集方式	封存/利用方式	关于技术环境影响的主要结论
Viebahn 等[1]（2007）	对德国 PC、NGCC、IGCC 电厂的 CCS 技术进行全生命周期分析（LCA）	通过 MEA 的燃烧后捕集、通过低温甲醇洗（rectisol）的燃烧前捕集和富氧燃烧	在废弃气田的地理封存	CCUS 技术可使 3 种电厂的二氧化碳排放总量减少 72%～90%，温室气体排放总量减少 65%～79%，但电厂 + CCUS 技术的温室气体排放量绝对值远大于风能和太阳能。由于额外的能源消耗，增加 CCUS 技术会使电厂的其他负面环境影响（光氧化、富营养化、酸化、PM_{10}）增加约 40%
Jaramillo 等[2]（2009）	对美国 5 个 IGCC 电厂的 CCU（EOR）进行 LCA	通过硒醇（selexol）的燃烧前捕集	注入油田（EOR）	由于石油中 93% 的碳提炼成可燃产品，最终排放到大气中，放大系统边界从全生命周期考虑，碳捕集并通过 EOR 利用并不能大幅度降低碳排放
Korre 等[3]（2010）	对 PC 电厂的燃烧后捕集 CCUS 技术进行 LCA	通过 MEA、K+/PZ 和 KS-1 的燃烧后捕集	未明确	CCUS 技术可将 PC 电厂的全球暖化潜力减少约 80%，但会增加其他全生命周期环境影响（如人类毒性、酸化、富营养化等）。在三种溶剂中，KS-1 溶剂的综合负面环境影响最少
Singh 等[4]（2011）	对 NGCC 电厂的 CCUS 技术进行 LCA	通过 MEA 的燃烧后捕集	咸水层地理封存	CCUS 技术可以每千瓦时减少 70% 的二氧化碳排放，并使全球变暖潜能值（GWP）降低 64%；但会带来其他负面环境影响：酸化增加了 4%，富营养化增加了 35%，各种毒性影响增加了 120%～170%。燃料燃烧产生的 NO_x 是造成大多数直接影响的主要因素，能源使用量的减少和溶剂的降解将减少技术带来的负面的环境影响
Khoo 等[5]（2011）	对新加坡一 NGCC 电厂碳捕集和矿化进行 LCA	通过 MEA 进行燃烧后捕集和直接将烟气中的二氧化碳矿化	将二氧化碳矿化成建筑用碳酸产品（如混凝土填充材料）	直接将烟气中的二氧化碳矿化可以大幅度减少 NGCC 电厂的二氧化碳排放［最多可避免排放 215kg CO_2/（MW·h）］，对应的全生命周期成本为 70.6～80.8 美元/t CO_2

❶　Fortum. 2020. A full-scale carbon capture and storage（CCS）project initiated in Norway.

续表

研究人员	研究对象	捕集方式	封存/利用方式	关于技术环境影响的主要结论
Arne 等[⑥]（2019）	对化学工业结合 CCU 技术的技术潜力进行大规模的、产业级别的分析	不同化学产品对应不同技术选择	不同化学产品对应不同技术选择	CCU 具有将化学生产与化石资源脱钩的技术潜力，到 2030 年每年可减排温室气体 3.5×10^9 t CO_2-eq。但是要利用这一潜力，则需要 18.1PW·h 低碳电力，相当于 2030 年全球预计电力生产的 55%。以目前的 Power-to-X 效率为基准，大多数大型 CCU 技术在降低单位低碳电力的温室气体排放方面效率较低。一旦满足这些其他要求，化学工业中的 CCU 可以有效地为缓解气候变化做出贡献

注：PC—煤粉燃烧；IGCC—煤气化联合循环；NGCC—天然气联合循环；CCU—碳捕集与利用。

① Viebahn P，Nitsch J，Fischedick M，et al. 2007. Comparison of carbon capture and storage with renewable energy technologies regarding structural，economic，and ecological aspects in Germany. International Journal of Greenhouse Gas Control，1（1）：121–133.

② Jaramillo P，Griffin W M，Mccoy S T. 2009. Life cycle inventory of CO_2 in an enhanced oil recovery system. Environmental Science & Technology，43（21）：8027–8032.

③ Anna，Korre，et al. 2010. Life cycle modelling of fossil fuel power generation with post-combustion CO_2 capture. International Journal of Greenhouse Gas Control.

④ Bhawna Singh，Anders H，Strφmman. 2011. Life cycle assessment of natural gas combined cycle power plant with post-combustion carbon capture，transport and storage. International Journal of Greenhouse Gas Control.

⑤ Khoo H H，Sharratt P N，Bu J，et al. 2011. Carbon capture and mineralization in Singapore：preliminary environmental impacts and costs via LCA. Industrial & Engineering Chemistry Research，50（19）：11350–11357.

⑥ Kätelhön A，Meys R，Deutz S，et al. 2019. Climate change mitigation potential of carbon capture and utilization in the chemical industry. Proceedings of the National Academy of Sciences，116（23）：11187–11194.

三、经济影响

CCUS将会从两方面对中国实现规模化和产业化的发展带来经济效益：国内CCUS项目创造经济效益和全球CCUS产业的供应链带来的经济效益。国内CCUS项目的示范和高质量建设及运营，是中国企业参与全球CCUS产业的重要基础。

对石化、电力、钢铁和水泥行业开展了自下而上的研究分析❶。采用《科技部CCUS路线图》和亚洲开发银行CCS路线图预测作为情景分析（表2-6），并以《科技部CCUS路线图》报告的封存量为前提，将以10%简化假设的CCUS能耗产生二氧化碳进行减排量

---

❶ 假设 2025 年碳价格 100 元，2030 年 200 元，2040 年 300 元，2050 年 500 元，各行业 CCUS 减排成本结合《科技部 CCUS 路线图》和亚洲开发银行 CCS 路线图进行假设，百万吨碳捕集项目直接就业根据国外大型项目经验结合国内中试项目人员编制假设，如燃煤电厂全容量CCUS将创造约2500个建筑岗位（5000人/年），200 个运营岗位（4000 人/年）。

调节❶。自下而上的分析采用研究团队建立的模型，同时参考了世界银行能源项目社会经济影响分析模型❷和挪威SINTEF对CCUS经济就业影响的分析方法❸。

表 2-6　全球和中国 CCUS 产业规模假设情景

情景	项目	2030 年	2040 年	2050 年
中国情景	全国减排量 /（10⁴t CO₂）	1800~4000	18000~44000	72000~240000
	高浓度排放源占比 /%	70	40	10
	电力行业 /%	10	20	30
	钢铁行业 /%	5	10	15
	水泥行业 /%	5	10	15
	炼化的低浓度源 /%	5	10	15
	其他工业排放源 /%	5	10	15
	平均碳价格水平 /（元 /t CO₂）	200	300	500
全球情景	全球减排量 /（10⁴t CO₂）	200000	387000	750000
	平均碳价格水平 /（元 /t CO₂）	300	450	500
	其他参考碳价格水平	英国政策评估使用碳价格：80.83 英镑 /t CO₂①；欧盟 2020 年 8 月 31 日碳排放权配额期货（2020 年 12 月到期）价格水平：28.66 欧元 /t CO₂②；加拿大安大略省 2028 年碳价格预测：57 加元 /t CO₂③		
	中国企业海外市场低市场占有率情景占比 /%	10	20	20
	中国企业海外市场高市场占有率情景占比 /%	20	40	60
	高浓度排放源 CCUS 减排成本学习率（装机容量翻倍成本下降率）/%	4	2	2
	低浓度排放源 CCUS 减排成本学习率（装机容量翻倍成本下降率）/%	10	5	5

① BEIS（Department for Business，Energy & Industrial Strategy）. 2018. Updated short-term traded carbon values：used for UK Public Policy Appraisal.

② ICE（Intercontinental Exchange）. 2020. EUA Futures.

③ CF. 2017. Long-term carbon price forecast report. Submitted to Ontario Energy Board.

❶　详细假设条件请参考附录 .

❷　The World Bank. 2011. Issues in estimating the employment generated by energy sector activities. Report 82732.

❸　SINTEF. 2018. Industrial opportunities and employment prospects in large-scale CO₂ management in Norway.

通过自下而上模型分析，预计CCUS产业将在2030年为中国电力、钢铁、水泥、炼化及高浓度排放源5个领域创造24亿～80亿元的GDP。在《科技部CCUS路线图》的情景下，CCUS的毛附加值（GVA）影响将在2050年升至2012亿～6728亿元，相当于中国2019年GDP的0.2%～0.6%。CCUS在2030年仍然处于早期示范阶段，国内的GVA被在低浓度大型排放源示范CCUS项目所需的公共开支抵消，能够创造5亿～11亿元的GDP。预计国内CCUS市场产生的GDP将会上升至2040年的121亿～297亿元，2050年进一步上升为1390亿～3915亿元，见表2-7。

表 2-7　CCUS 产业对中国 5 个行业 GDP 的影响

来源	单位	2030 年	2040 年	2050 年
国内 CCUS 市场	亿元	5～11	121～297	1390～3915
国际 CCUS 市场	亿元	23～90	196～1045	703～2812
总量	亿元	28～101	317～1341	2012～6728

CCUS是一项利他性产业技术。对CCUS产业的直接投资对中国国民经济具有重要贡献作用，能将投资需求转嫁惠益于其他行业。结合IEA投资情景和亚洲开发银行投资情景进行测算，结果表明：首先，在整个预测期间（2026—2060年，并以每5年作为一个估算期），CCUS产业投资对中国部门产出效应呈现加速上升趋势。预计CCUS产业将在2030年为中国各部门创造14亿美元（基于亚洲开发银行情景）至104亿美元（基于IEA情景）的GDP。在接下来的年份，该项目的GDP影响将逐年上升，并在2060年增加到1848亿～1920亿美元，相当于中国2019年国内生产总值（GDP）的1.26%～1.32%。

预计海外市场将为中国CCUS产业链提供大量机会。按照5%～20%的综合市场占有率（包括工程、设备、材料）的假设，CCUS能够在2030年为中国创造23亿～90亿元的GDP，至2050年将每年创造703亿～2812亿元的GDP。随着技术进步和国内碳价格的提升，预计国际市场中短期内产生的GDP会比国内市场更显著；但如果中国不加速部署CCUS示范项目，将会错过未来国际CCUS市场的高附加值环节（如前期工程咨询和设计、总包合同、工艺包授权、运营管理咨询等），仅能提供利润率较低的材料（如钢铁、水泥）和技术含量较低的化工装备。

CCUS技术的产业化程度将对碳约束情景下的全球石油和天然气的需求量产生重大影响。根据2019年IEA的分析，在2060年之前累计封存$1070 \times 10^8 t$ CO_2的清洁技术情景（CTS）和2060年累计二氧化碳封存量仅为$10 \times 10^8 t$局限性情景（LCS）[1]下，化石能源在一次能源消费的占比会从35%下降至28%，其中中国石油和天然气需求下降25%，而煤

---

[1]　IEA. 2019. Exploring clean energy pathways：the role of CO_2 storage.

炭需求则会降低一半左右（图2–17）。结合CCUS能够实现负排放的生物质能源也受影响，需求降低约10%。

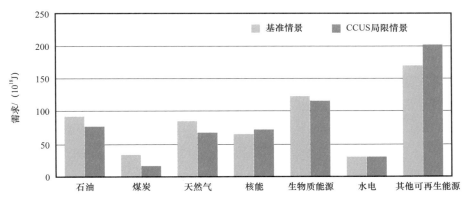

图 2–17　IEA 预测不同 CCUS 情景对全球一次能源需求的影响

油气行业拥有大部分高浓度排放源以及具备二氧化碳长距离运输和封存的技术能力，目前全球3/4的二氧化碳捕集量来源于油气行业。油气行业的部分基础设施能够被再利用于封存和运输[1]，同时油气行业也有能力为CCUS规模化应用建立运输和封存的大型基础设施。2018年，全球CCUS投资的1/3来源于油气行业[2]。在油气行业开展CCUS示范是未来CCUS产业化的必要环节，同时也是通过建立封存和运输技术设施，实现CCUS技术广泛应用的早期机会。

四、社会影响

CCUS除了有利于实现应对气候变化目标，带动传统环境污染物减排，还对社会和产业带来协同效益[3]，主要包括以下四个方面：

（1）创造就业岗位。IEA的可持续发展情景预计2040年之前需求2000个CCUS项目，雇用至少10万个高附加值的专业人员。

（2）实现净零排放有关产业和创新，促进经济增长。CCUS的广泛应用将为基础设施、技术开发、金融服务等产业带来机会，同时带来高附加值创新。

（3）再利用和延期退役现有的基建和设备。CCUS的应用有利于最大化油气行业基础设施的经济价值，包括管道、开采平台等。

（4）协助高碳排放行业转型，实现"稳就业"。许多研究显示高碳排放行业将会转型，更多的职位由高排放行业流向低碳行业，CCUS能够保障高碳排放行业的工作机会向

❶　BEIS. 2019. Re-use of oil and gas assets for carbon capture usage and storage projects. Consultation.
❷　IEA. 2020. The oil and gas industry in energy transitions：insights from IEA analysis.
❸　GCCSI. 2020. The value of carbon capture and storage（CCS）.

低碳行业实现平稳过渡。

CCUS对社会的最显著影响在于保全化石能源行业的专业力量，同时创造了新的就业机会。研究显示，新的CCUS项目将为美国带来直接的就业机会。例如，在美国怀俄明州埃克森美孚的两项工业碳捕集扩建计划将会带来388个直接就业机会[1]；在北达科他州一项燃煤电厂90%捕集项目将会为美国创造至少2000个建造业岗位；使用创新的技术捕集100%的二氧化碳，得克萨斯州刚刚开工的2台12×10^4 kW机组垃圾发电厂[2]将会同时创造150个运营岗位和500个建造业岗位；得克萨斯州在建设的全世界最大的空气碳捕集装置，预计将创造1000个建造业岗位和100个运营岗位。美国碳利用研究理事会在2018年曾发表研究报告称，一项温和的CCUS推进计划（即在全美实现约10%的电力来源于CCS电厂），预计将为美国创造27万～78万个就业岗位，以及每年700亿～1900亿美元的GDP[3]。

英国工会联盟（TUC）的研究认为，每个电力CCUS项目能够创造1000～2500个建设期岗位、200～300个运营和维护期工作岗位。预计2030年英国需要15～25个CCUS项目，且能够为英国带来20亿～40亿英镑GVA[4]。英国政府委托开展的一项研究预计，英国在2050年能够通过CCUS有关的出口市场实现43亿英镑GVA，同时直接创造48000个工作机会[5]。挪威科技工业研究院（SINTEF）预计，仅二氧化碳封存产业将为挪威带来10000个直接就业岗位，同时促使化工行业的30000个现有工作更具有竞争力[6]。OGCI围绕CCUS对沙特阿拉伯的经济影响进行了评估，预计CCUS在2060年能够为沙特阿拉伯带来600亿～1400亿美元的新增经济价值，同时新增15万个就业岗位[7]。

如表2-8所示，根据对5个行业的模型分析，预计到2030年，中国CCUS产业每年将创造9100～20300个直接就业岗位，包括建设期每年9400～21000个岗位和运营期每年3150～7000个就业岗位。随着CCUS产业的发展，国内CCUS就业岗位将会持续增加。预计到2050年，CCUS每年将创造400万～1163万个岗位，相当于解决了1%～3%的城镇就业人口问题（基于2019年人口统计数据）。能源和工业行业的直接就业，通常带来较高附加值，以及2～4倍的间接就业效应。总体而言，CCUS中长期的就业机会非常显著。

---

[1] Bright M, Fitzpartrick R. 2020. As oil retreats, carbon capture must advance.

[2] Systems International, Inc. 2020. Systems international announces two power plants.

[3] CRUC, 2018. Making carbon a commodity: the potential of carbon capture RD&D.

[4] TUC. 2014. The economic benefits of carbon capture and storage in the UK.

[5] Vivid Economics. 2019. Sub-theme report: carbon capture, utilisation and storage. Commissioned by the Department for Business, Energy & Industrial Strategy.

[6] SINTEF. 2018. Industrial opportunities and employment prospects in large-scale CO_2 management in Norway.

[7] Element Energy and Vivid Economics. 2019. CCUS in Saudi Arabia: the value & opportunity for deployment.

CCUS在传统能源和工业行业进行延伸，对生产工艺调整的影响较其他深度脱碳技术小，能够避免工作迁移对社会的影响。

表 2-8　CCUS 国内市场对 5 个行业带来的新增直接就业机会

来源	周期假设	新增直接就业机会 /（人 / 年）		
		2030 年	2040 年	2050 年
建设期	3 年	9400～21000	95400～215600	378000～1111600
运营期	20 年	3150～7000	36000～81400	142200～414000
总量		91350～203000	1006200～2274800	3978000～11628000

本书还通过自上而下的CGE模型对CCUS的所有行业影响进行了评估。动态全球贸易分析模型（GTAP）是多国多部门的可计算一般均衡分析模型（Computable General Equilibrium，CGE），该模型广泛应用于经济贸易及环境政策的模拟。本书结合动态GTAP模型和投入产出分析（Input-Output Analysis，IO），测算了2025—2060年CCUS项目投资对中国经济社会的影响。动态GTAP基准情景模拟，主要集中在实际GDP等宏观经济变量的预测上。

在经济影响方面，结合IEA投资情景和亚洲开发银行投资情景测算，研究发现：首先，在整个预测期间（2026—2060年[1]，并以每5年作为一个估算期），CCUS产业投资对中国部门产出效应具有一定推动作用。2030年，预计CCUS产业将在20亿～166亿美元的投资额基础上，为中国各部门创造13亿（基于亚洲开发银行情景[2]）～104亿美元（基于IEA情景）的GDP。在接下来的年份里，该项目的GDP影响力将逐年上升并在2050年后趋于放缓（本书假设2050年实现碳达峰），在2060年实现1486亿～1553亿美元的总投资额，带动GDP从1144亿美元增长至1196亿美元，相当于中国2019年国内生产总值（GDP）的0.79%～0.82%。图2-18显示CCUS投资带动的行业主要为机械工业、金属制造业、其他服务业、电力设备制造业、轻加工制造业等部门。

其次，从工业部门不同浓度排放源的贡献产值来看，高浓度排放源（主要包括生物燃料生产、天然气处理及化工部门）预计在2030年带动1.4亿～10亿美元的GDP增长，并在2060年增加到86亿～90亿美元。低浓度排放源（主要包括煤炭火力、天然气发电、生物质能发电、钢铁及水泥行业）预计在2030年实现约从12亿美元至94亿美元的GDP总量增长，且在2060年实现约从1058亿美元至1105亿美元的GDP增长（表2-9）。

---

[1]　由于 IEA 情景和 ADB 情景的预测数据提供至 2050 年，故 2051—2060 年投资预测值是基于已有年份数据外推所得.

[2]　此处由于亚洲开发银行预测数据比 IEA 预测值相对较低，因此本书结果呈现中将上限值依据 IEA 情景设置，下限值依据 ADB 情景设置.

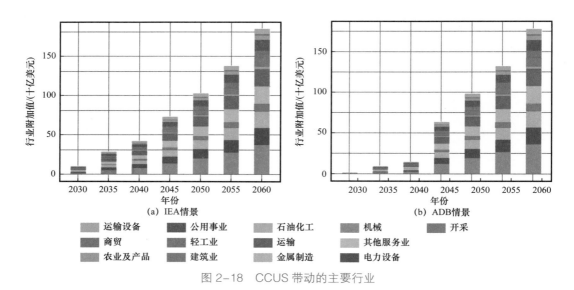

图 2-18　CCUS 带动的主要行业

图例：运输设备　公用事业　石油化工　机械　开采
商贸　轻工业　运输　其他服务业
农业及产品　建筑业　金属制造　电力设备

表 2-9　CCUS 在不同行业带来的 GDP 增长　　　　　　　　单位：亿美元

排放源	部门	2030 年	2035 年	2040 年	2045 年	2050 年	2055 年	2060 年
低浓度排放源	燃煤电厂	6～49	52～159	82～238	300～351	459～480	618～643	830～861
	燃气电厂	1～11	12～35	18～53	67～78	102～106	137～142	184～191
	生物质能源	0.2～1	1～3	1.6～4	5.4～7	8.3～9	11～12	15～16
	钢铁	1～13	9～29	14～42	146～159	234～244	317～330	428～444
	水泥	3～20	14～43	22～64	90～105	138～146	187～196	252～262
	合计	11.2～94	88～269	137.6～401	608.4～700	941.3～985	1270～1323	1709～1774
高浓度排放源	化工	1～5	4～12	6～17	23～27	36～38	49～51	65～68
	生物质生产	0.5～4	4～11	6～17	22～25	33～35	44～47	60～63
	气体加工	0.2～1	1～3	2～4	5～6	7～8	9.9～10.3	13～14
	合计	1.7～10	9～26	14～38	50～58	76～81	102.9～108.3	138～145

　　社会效益方面，CCUS产业投资通过直接和间接方式创造就业岗位，对缓解就业压力发挥着重要作用。结合IEA投资情景和亚洲开发银行投资情景测算，结果表明（表2-10）：首先，在整个预测期间，CCUS产业通过直接投入相关工业部门所创造的劳动力就业机会数（即直接就业岗位）为76.7万（基于亚洲开发银行情景）～89.3万人/年（基于IEA情景）。其次，CCUS产业投资对我国间接就业效应（即CCUS投资间接波及其他行业就业的连锁反应）同样明显表现为逐年上升趋势。该项长期投资将在2030年创造4.4万～35.9万人/年的间接就业岗位，包括投资期12454～101084人/年就业岗位，运营期342～2782人/年就业岗位。2050—2060年，CCUS新增就业效应将趋于放缓。2060

年将创造285万～307万人/年的新增就业岗位，其中，在投资期内，CCUS每年将带动79
万～82万个新增就业岗位；在运营期内，每年带动2.4万～3万个就业岗位。图2-19显示
CCUS带动行业主要为开采业、电力设备、金属制造业、其他服务业、机械工业、交通运
输业等部门，但对商贸业和农业等行业影响较小。

表 2-10 CCUS 带来的就业岗位

来源	周期	就业岗位 /（人 / 年）						
		2030 年	2035 年	2040 年	2045 年	2050 年	2055 年	2060 年
投资期	3 年	12454～101084	86393～267101	124167～360350	494654～563669	726792～754181	947310～983009	1270301～1318171
运营期	20 年	342～2782	1358～5901	3048～10229	9012～16749	19354～26218	32179～37527	49074～52245
总量		44209～358888	286337～919312	433465～1285626	1664221～2025997	2567466～2786900	3485526～3699575	4792387～4999409

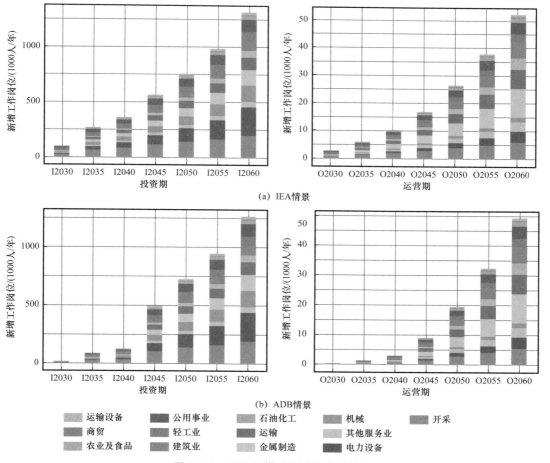

图 2-19 CCUS 带动不同行业的就业

第三节　CCUS 产业链

经过70年的发展，中国建成了全球规模最大、门类齐全和独立完整的工业体系❶。从2010年开始，中国连续10年稳居全球货物贸易第一大出口国❷。按照GB/T 4754—2017《国民经济行业分类》，第二产业（即工业）是指采矿业（不含开采辅助活动）、制造业（不含金属制品、机械和设备修理业），电力、燃气及水的生产和供应业，建筑业，并进一步细分为45大类。CCUS与工业体系中的大部分产业有一定程度关联（28大类约62%）、而与其中18大类有很强的关联（表2-11）。由此可见，CCUS并不是一个单一的产业，CCUS的发展和部署将会对中国未来工业体系全局发展产生深远的影响。

表 2-11　CCUS 与中国工业各大类行业的关联

代码	类别名称	与 CCUS 关联（理由）
B	采矿业	
6	煤炭开采和洗选业	强（提高煤炭需求）
7	石油和天然气开采业	强（提高油气需求和产量）
8	黑色金属矿采选业	无
9	有色金属矿采选业	无
10	非金属矿采选业	无
11	开采专业及辅助性活动	强（提高开采辅助活动需求）
12	其他采矿业	弱（可能提高地热和地下水资源利用能力）
C	制造业	
13	农副食品加工业	无
14	食品制造业	无
15	酒、饮料和精制茶制造业	弱（啤酒和碳酸饮料制造需要二氧化碳）
16	烟草制品业	无
17	纺织业	无
18	纺织服装、服饰业	无
19	皮革、毛皮、羽毛及其制品和制鞋业	无
20	木材加工和木、竹、藤、棕、草制品业	无

❶ 苗圩.工业增加值从 1952 年的 120 亿元增加到 2018 年的 30 多万亿元——我国已建成门类齐全现代工业体系.国务院新闻办公室新闻发布会，2019 年 9 月 20 日.
❷ 中国信息通信研究院.2019.中国工业发展研究报告.

续表

代码	类别名称	与 CCUS 关联（理由）
21	家具制造业	无
22	造纸和纸制品业	强（造纸需要结合 CCUS 减排）
23	印刷和记录媒介复制业	无
24	文教、工美体育和娱乐用品制造业	无
25	石油煤炭及其他燃料加工业	强（炼油、煤炭加工和生物燃料加工行业需要结合 CCUS 减排）
26	化学原料和化学制品制造业	强（捕集溶液制造，肥料生产需要结合 CCUS 减排，环境污染治理的化学材料以及生产碳捕集需要的创新合成材料）
27	医药制造业	无（但制造过程有少量高浓度的二氧化碳需求）
28	化学纤维制造业	弱（直接关系弱，但化学纤维原料生产需要结合 CCUS 减排）
29	橡胶和塑料制品业	无
30	非金属矿物制品业	强（水泥生产需要结合 CCUS 减排，二氧化碳矿化利用制造建材）
31	黑色金属冶炼和压延加工业	强（钢铁生产需要结合 CCUS 减排）
32	有色金属冶炼和压延加工业	强（有色金属，如铜、铝等生产需要结合 CCUS 减排）
33	金属制品业	强（金属压力容器用于 CO_2 捕集和运输）
34	通用设备制造业	强（CCUS 带动锅炉、辅助设备、汽轮机、空分装置等大型设备需求，同时提升泵、阀门、风机、压缩机等机械产品需求）
35	专用设备制造业	强（二氧化碳捕集带动化工和环保专用设备需求，二氧化碳封存和地质利用带动陆地和海洋石油专用设备和地质勘探专用设备的需求）
36	汽车制造业	弱（小规模二氧化碳运输需要槽车）
37	铁路、船舶、航空航天和其他运输设备制造业	弱（大规模离岸二氧化碳运输需要新建或改造船舶，二氧化碳封存和监测或需要潜水装置）
38	电气机械和器材制造业	弱（电力行业和工业自备电厂开展 CCUS 影响电机和输配电设备需求）
39	计算机、通信和其他电子设备制造业	弱（CCUS 应用需要工业控制系统，二氧化碳封存监测需要传感器）
40	仪器仪表制造业	强（捕集需要工业控制系统、CCUS 应用需要缓解监测专用仪器、地质勘探和地震专用仪器、CCUS 研发需要实验分析仪器）
41	其他制造业	无
42	废弃资源综合利用业	弱（碳捕集的化学溶液用后回收、废钢和废铜再生过程需要结合 CCUS 减排）
43	金属制品、机械和设备修理业	强（碳捕集有关化工设备修理、二氧化碳船舶修理、CCUS 有关仪器仪表修理）
D	电力、热力、燃气及水生产和供应业	
44	电力、热力生产和供应业	强（火力发电、热电联产和生物质发电需要结合 CCUS 减排）

续表

代码	类别名称	与CCUS关联（理由）
45	燃气生产和供应业	强（天然气生产、煤气生产和生物质燃气生产需要结合CCUS减排）
46	水的生产和供应业	弱（CCUS增加冷却水和工艺水的需求，二氧化碳驱水可能增加水的生产）
E	建筑业	
47	房屋建筑业	弱（CCUS项目将带动工程房屋建筑需求）
48	土木工程建筑业	强（CCUS项目需要土木工程建筑支持）
49	建筑安装业	强（二氧化碳管道安装）
50	建筑装饰、装修和其他建筑业	无

当前全球范围内针对CCUS产业的研究，主要是从减排角度考虑，而针对产业链开展的系统性研究不多。2012年，英国政府曾经委托AEAT咨询公司在电力行业进行CCUS对英国国内产业的影响研究。该研究分析了CCUS产业链发展的机会和障碍，以及未来产业链增长的前景。英国在2018年提出要让CCUS全产业链成为全球领导者，并计划通过新的构想、人才、基础设施"三驾马车"驱动来实现[1]。美国能源部认为发展CCUS是美国保持工业产业竞争力的重要途径，将会为采矿、能源基础设施、CCUS设备制造带来显著的产业发展机会[2]。

如前文所述，CCUS的产业机会首先来源于国际市场，而中国市场的自身发展将对中国CCUS产业链在国际市场的竞争力和附加值方面有更加显著的影响。如表2-12所示，CCUS将从5个方面为中国工业体系发展带来机会：

（1）为工业生产过程带来的温室气体排放提供减排方案；

（2）提升化石能源资源（煤炭、石油和天然气）的经济价值；

（3）带动装备制造和工程建设需求；

（4）通过CCUS实现技术创新（如创新的化学溶液、膜材料、二氧化碳监测方式）；

（5）利用二氧化碳实现经济价值。

二氧化碳的运输网络是衔接CCUS和与之有关的18大类行业的纽带，也是实现CCUS产业化的重要基础。美国已经建成超过7000km的二氧化碳运输管道网络[3]，而加拿大、

[1] HM Government. 2018. Clean growth: the UK carbon capture usage and storage development pathway.

[2] US Department of Energy（DOE）. 2016. Carbon capture, utilization, and storage: climate change, economic competitiveness, and energy security.

[3] NETL（US National Energy Technology Laboratory）. 2015. A review of the CO_2 pipeline infrastructure in the US. DOE/NETL-2014/1681.

挪威均计划在未来五年建成二氧化碳运输的基础设施。例如，挪威政府2020年宣布出资21亿欧元建设北极光CCUS集群项目。由于中国碳排放总量显著，提供二氧化碳运输和封存服务将会是未来能源行业的一项主要产业机会。英国政府委托Senior CCS顾问公司的研究[1]把英国二氧化碳运输和封存的产业链分成三部分：（1）运输和封存开发商；（2）主要的合同和顾问；（3）产品与服务供应商、子合同商和子供应商。这项研究提出了CCUS产业链在现有的石油及天然气行业基础上，将衍生出8个新的领域（表2-12）。

表 2-12   二氧化碳运输和封存环节为石油和天然气行业带来的新商业机会和技能需求

新的领域	潜在的商业活动	CCUS 项目生命周期阶段	潜在执行机构
封存地特性确认和模拟	提供封存地特性确认和模拟顾问	封存地开发	顾问公司、石油天然气公司、研究机构和其他能源服务公司
检测技术	检测二氧化碳在盆地的封存情况	二氧化碳注入和注入后关闭环节	专业的能源服务公司
二氧化碳井服务公司	为井监控和修复提供开发和执行系统	井开发和二氧化碳注入	油井服务公司
封存风险的评估	评估封存风险	从封存地开发到封存地关闭	顾问公司、油田和天然气公司、研究机构和其他能源服务公司
供应和分析井的材料	为开发和闭井提供材料	井开发、拆除和关闭	建设公司、工程顾问
二氧化碳运输	二氧化碳运输和管道开发、建设及运营	建设和二氧化碳运输	管道建设商和运营商
二氧化碳封存证书 / 认证	提供二氧化碳封存活动的认证服务	二氧化碳注入，闭井，闭井后服务	认证机构
金融机构和风险管理机构	提供融资、金融风险转移方案	项目全生命周期	银行、保险机构

燃烧后捕集技术直接从化石燃料电厂、水泥厂、炼油厂、钢厂和其他工业排放源尾气分离二氧化碳。目前主流的燃烧后捕集技术是胺法捕集技术，主要包括四个过程：（1）尾气预处理（包括深度的脱硫和脱硝）；（2）二氧化碳吸收；（3）二氧化碳解吸；（4）二氧化碳压缩和纯化。水洗、碱洗、脱硫、脱硝和颗粒物去除是成熟和商业运行的胺法捕集过程。中国和欧洲均有一些燃烧后胺法捕集吸收和解吸的中试装置；除了已经在建的加拿大Sask Power边界大坝项目和美国Petra Nova项目，全球范围内还缺少配套的大型、全规模运行的吸收塔项目。溶液市场由能耗和环境表现驱动，通常受专利保护。乙醇胺（MEA）为通用配方，能耗较高但不需要支付专利使用费。最终，由少量企业拥

---

[1] Senior CCS. 2010. UK carbon capture and storage commercial scale demonstration programme. as-sets.publishing.service.gov.UK.

有的具有成本效益的先进专利溶液很可能会占领显著的全球市场份额。随着碳捕集量的增加，胺溶液会产生损耗，胺溶液损耗管理也将成为碳捕集产业的重要产业机会。此外，尽管压缩系统技术较为成熟，但仅有很少的供应商能够生产品质过关的高压设备，而且杂质对压缩系统的影响也会对设备运行带来一定挑战，未来二氧化碳压缩纯化设备的研发和发展也具有广阔的市场潜力。

在燃烧前捕集过程，二氧化碳从合成气中分离（通过"转换"过程），二氧化碳在燃烧之前被分离和捕集。燃烧前捕集主要包括四部分：（1）空气分离装置；（2）气化炉；（3）水煤气变换反应炉；（4）富氢燃气轮机。工业上，大型空气分离装置比较成熟，空气分离装置在钢铁、空气处理、化工/炼油以及煤制油等领域已经得到广泛应用。全球主要由少数几家企业供应大型空分装置，例如空气产品公司（Air Product）、林德（Linde，包括子公司BOC）、液化空气（Air Liquide）和普莱克斯公司（Praxair）。中国在气化炉上需求很大，但目前气化炉的制造能力还比较有限。水煤气变换反应在煤化工行业广泛应用，是一个成熟的过程，其核心技术是催化剂。富氢燃气轮机目前还不成熟，只有少数几家潜在的供应商，如通用电气、西门子和阿尔斯通。整体来看，由于燃烧前捕集技术所需的关键设备的市场化规模不足，导致该技术的成本维持在较高水平；但同时该技术的捕集能耗低，具有很大的发展潜力。因此，未来急需针对关键设备和技术加大研发，推动相关市场发展。

中国在与二氧化碳地质利用密切相关的产业已经有比较扎实的基础，如与油气开发相关的管道、物探、海洋工程等油田服务行业。在整个油服产业链中，石油开发公司资本支出是最为关键的变量之一，决定油田服务公司的作业量以及设备需求，从而决定行业的景气程度。目前，国内有几家公司已经建立了完善的一体化产业链，包括中海油服、石化油服、中油油服等。各大公司的油服一体化模式已经较为成熟，公司拥有完整的服务链条，业务涵盖钻井设计、预算方案、组织实施到提交完工报告，一体化服务极大地满足了客户更低作业成本、更高作业时效的需求，客户的风险及费用得到了有效控制，为客户创造了更多经济效益。油服行业的稳固发展也为CCUS项目的发展提供了一定的助力。

除了工业领域，CCUS也会对第三产业带来发展机会，包括金融、保险和咨询服务[1]。如第三章所述，CCUS在2020年被纳入中国人民银行、国家发展和改革委员会（以下简称国家发改委）及证券监督管理委员会（以下简称证监会）的最新版本绿色债券目录，有利于金融机构为CCUS项目提供金融服务。CCUS也属于联合国应对气候变化公约机制发起绿色气候基金（GCF）的投资范畴。2009年，苏黎世保险（Zurich）发布了两项

---

[1] IEA. 2019. Transforming industry through CCUS. https：//www.iea.org/reports/transforming-industry-through-ccus.

专门针对CCUS的保险：CCS责任保险（CCS Liability Insurance Policy，CCSLI）和地质封存金融保障险（Geologic Sequestration Financial Assurance，GSFA）❶。CCSLI 针对CCUS导致的潜在环境事故、商业中断、井口控制等责任提供保险，GSFA则为封存井关闭和关闭后活动提供金融保障。

尽管中国已经在全球CCUS产业链上扮演重要角色（如提供部分设备、提供建设材料），但仍然存在局限性，包括：核心技术的工艺（如胺法碳捕集工艺包、二氧化碳分离膜工艺）缺少大规模工程化经验；缺少针对有潜力的创新型碳捕集技术（如富氧燃烧、燃烧前捕集技术）的研发力度；缺少离岸封存有关技术和经验；缺少二氧化碳封存持续监测技术；缺少全链条项目大规模工程化经验；缺乏能够服务全球CCUS产业的专业人才。但随着中国CCUS产业政策的发展和大型CCUS的应用，上述局限性将会得到解决。

案例 2-4　英国 CCUS 产业链研究案例

CCUS供应链对于建设一体化CCUS项目至关重要——大型CCUS项目非常复杂，建立一体化的商业合作和合同关系势在必行。英国能源与气候变化部委托AEAT公司的一项研究预计，2030年前CCUS和相关清洁煤技术会为英国每年创造20亿～40亿英镑经济价值、增加7万～10万个额外就业机会。英国能源与气候变化部预计英国CCUS商业化示范项目将带来六大行业机会：

（1）在建设阶段供应设备和提供服务；

（2）在运营阶段持续地服务；

（3）项目退役与拆除；

（4）为其他国家提供装备和服务；

（5）为其他国家提供英国大陆架的封存机会；

（6）为其他国家提供项目退役和拆除服务。

CCUS供应链涵盖石油与天然气行业、电力行业、基础设施发展和建设、金融服务行业，延伸至原材料供应（图2-20）。目前的研究显示，创造一个CCUS产业将会对英国经济产生显著的积极影响。以北海中北部为封存地来对西北欧地区排放源提供封存服务，将会是英国CCUS产业发展的重大机会。

英国政府委托Vivid Economics在2019年更新了CCUS各项技术的商业机会，其中吸收剂、气化炉和工业碳捕集将会迎来显著的商业机会，而市场壁垒并不高。最新的研究显示，CCUS在2050年之前每年会为英国带来43亿英镑的出口机会。

---

❶ Business Wire. 2019. Zurich creates two new insurance policies to support green house gas mitigation technologies，addressing the unique needs of Carbon Capture and Sequestration.

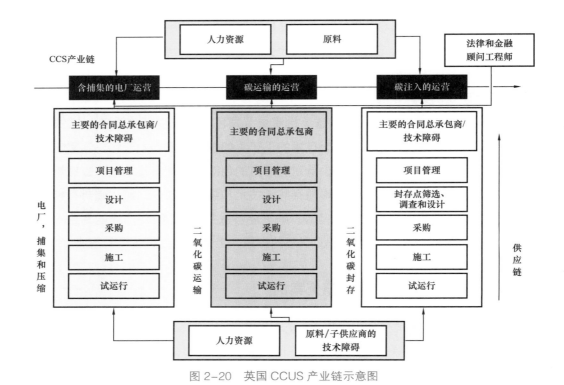

图 2-20　英国 CCUS 产业链示意图

第四节　CCUS 对各高排放行业的影响

燃煤电厂作为中国碳排放的主要来源之一，现役燃煤电厂装机容量约 10×10^8 kW，占全球煤电近一半[1]。中国燃煤电厂年二氧化碳排放量超过 30×10^8 t，其与 CCUS 集成后的减排潜力十分可观。仅对分布在长江三角洲、环渤海湾、东北及新疆地区的 165 座燃煤电厂进行改造，我国便能够实现累计 174×10^8 t CO_2 的生命周期减排[2]。在未来国际碳排放约束和碳定价逐步提升的情景下，实现燃煤电厂低成本 CCUS 改造是中国电力行业实现低碳转型升级的关键要素。

与集中在一个烟气出口进行碳排放的燃煤电厂相比，钢铁厂的碳排放点分散在多个工艺流程（烧结、焦炉、高炉、能源中心等）。如果不对现有的钢铁生产工艺进行大的改动，则需要采用不同工艺进行二氧化碳捕集[3]。根据 IEA 预测，全球钢铁行业在 2060 年前

---

❶　Global Coal Plant Tracker（GCPT），2020a. Coal plants by country（MW）. https：//docs.google. com/spreadsheets/d/1W-gobEQugqTR_PP0iczJCrdaR-vYkJ0DzztSsCJXuKw/edit#gid=0.

❷　Wang P T，Wei Y M，Yang B, et al. 2020. Carbon capture and storage in China's power sector：optimal planning under the 2℃ constraint. Applied Energy，263，114694.

❸　IEA. 2013. A challenge for the iron and steel industry.

累计需要减排670×10^8t CO_2，其中15%的减排量需要通过CCUS技术来实现[1]。中国钢铁工业碳排放量约占全球钢铁工业碳排放的51%，占中国总碳排放量的15%左右[2]。钢铁和水泥行业未来或将面临边界碳关税调节，由于中国钢铁工艺以煤炭为主、电力排放因子较高，因此排放因子相比欧美将处于劣势。因此，CCUS技术对我国实现钢铁行业深度脱碳和提高出口竞争力具有重要意义。

IPCC预测炼油和石化行业约占二氧化碳排放的9%。炼化行业开展碳捕集相对比较成熟。由于捕集制氢工艺（及部分炼厂的流化焦化或汽化器）产生的二氧化碳浓度高、成本低、排放量大，这为CCUS项目在炼化行业发展提供了早期机会。然而，制氢工艺往往只占炼油厂或炼化一体装置碳排放的不到20%。炼化项目除了自备热电厂和制氢装置以外，其他设备和工艺差别很大（如炼油厂的常减压蒸馏、催化裂化、延迟焦化以及乙烯裂解生产的有关装置），需要应用不同的二氧化碳捕集技术；同时，炼化项目也需考虑少量甲烷和氧化亚氮等非二氧化碳温室气体排放的协同治理。炼化行业有能够进行不同类型的丰富的碳捕集设计力量，但由于炼化项目通常比较紧凑、场地局限性比较大、对安全生产要求高（如使用氨法压缩机带来消防隐患），进行碳捕集改造仍面临一定的挑战。炼化行业实现深度碳减排，需要开展碳捕集预留设计和对现有项目进行碳捕集改造能力分析。在进行新系统的碳捕集预留设计和现有设备的改造设计过程中，应同时兼顾设备的能源结构和能效升级，利用多种手段综合提高该行业的减排能力。

中国是水泥生产大国，自2009年以来，中国水泥产量超过世界总产量的50%[3]。中国2019年水泥产量为22×10^8t，仍占世界总产量的53%。据Carbon Brief推算，中国2018年水泥生产过程碳排放约为7×10^8t，占全国总排放的7%[4]，相当于英国2019年所有行业排放总量的两倍。因此，中国水泥行业减排对水泥行业全球减排目标的实现具有决定性作用。水泥排放包括生产工艺带来的直接排放和热电源的间接排放，提高能效、使用替代能源和降低水泥的熟料占比难以满足实现水泥行业近零排放的需求，应用CCUS技术是水泥行业低碳转型的重要举措[5]。

---

[1]　IEA. 2019. Transforming Industry through CCUS.

[2]　冶金规划研究院 . 2018. 中国钢铁工业节能低碳发展报告（2018）. 北京：冶金规划研究院 .

[3]　ESSD. 2019. Global CO_2 emissions from cement production，1928–2018. https：//essd.copernicus.org/articles/11/1675/2019/.

[4]　Carbon Brief. 2018. Guest post：China's CO_2 emissions grew slower than expected in 2018. https：//www.carbonbrief.org/guest-post-chinas-CO_2-emissions-grew-slower-than-expected-in-2018.

[5]　Wei J，Cen K，Mitigation Y G J. 2019. Evaluation and mitigation of cement CO_2 emissions：projection of emission scenarios toward 2030 in China and proposal of the roadmap to a low-carbon world by 2050. Mitigation and Adaptation Strategies for Global Change，24（2）：301–328.

案例 2-5 英国首个净零产业集群——Teesside 净零排放项目

Teesside净零排放项目位于英格兰东北部的Teesside地区。该地区是英国十分重要的工业区和经济区，每年出口总额达120亿英镑，每年毛附加价值达25亿英镑。Teesside净零排放项目的目标是最早在2030年实现高排放型企业集群的脱碳，并实现英国首个净零产业集群，主要针对生物质电厂、化肥厂、燃气电厂、炼油厂和制氢厂。

该项目由5个OGCI成员共同开发，包括BP、Eni、Equinor、Shell和Total Energies。项目计划在2030年前实现每年600×10^4t的二氧化碳减排量，这相当于200万英国家庭的年能源消耗排放量。该项目可通过支持和保障现有就业岗位、创造新的就业机会和推动当地经济增长，在英国东北部启动绿色经济，预计每年可实现高达4.5亿英镑的总收益，并支持多达5500个直接就业岗位。该项目除加强区域内的净零产业集群构建，还加强与其他产业集群的联系，在CO_2运输与封存单位开展合作（图2-21）。目前Teesside净零排放项目已经进入前端工程设计（FEED）阶段，预计到2020年底结束FEED。

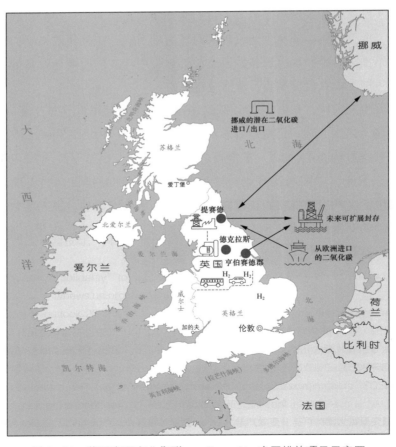

图 2-21 英国净零产业集群——Teesside 净零排放项目示意图

第五节　低碳足迹产品出口

　　未来多边（如各国围绕《巴黎协定》第6.2条达成一致）或单边应对气候变化的活动（如某区域实施边界碳税）会对进出口贸易带来重大影响。采用CCUS技术来降低外贸产品的碳足迹，可能有助于减缓对高碳排放出口产品的负面影响。欧洲议会2022年批准通过了三项关键的欧盟法律草案，涉及碳排放交易系统（ETS）的改革、被称为"碳关税"的碳边界调整机制（Carbon Border Adjustment Mechanism，CBAM）相关规则修正，以及设立社会气候基金（SCF）。我国是欧盟第一大贸易伙伴国和最大的商品进口来源国，碳关税的实施短期内将增加我国制造成本，削弱出口竞争力，长远看将倒逼我国能源和产业结构深度调整，促进高耗能产业转型[1]。未来出口欧盟的中国产品（如钢铁产品、化工产品）或面临缴纳碳税或开展CCUS的选择[2]。因此，CBAM或许能为CCUS在中国示范带来正面影响。欧盟还没有公布CBAM征收的详细规则，预计出口产品如果能够提交"低碳证书"将能够减少或豁免缴纳碳税。例如，一座开展了CCUS的化工厂，其产品排放系数与欧盟平均水平接近，甚至达到欧盟的先进水平，或可以免除缴纳碳关税。

　　如何拟定征税水平取决于欧盟使用的碳排放价格以及碳计量方法，通常包括范围一（直接排放）、范围二（能源使用的间接排放）和范围三（非能源使用间接排放）三种排放方式。其中，生命周期分析得出的碳足迹将会是欧盟征收或豁免碳关税的重要依据。产品使用结合CCUS的化工产品、结合CCUS的电力，其排放能够在生命周期碳排放得到体现。目前欧盟还没有给出碳关税的具体方案。在全球范围内执行碳关税概念的地区只有美国加利福尼亚州，对从其他州的外购电力采用碳关税调节。根据欧盟及其成员国在过去13年提出的三次碳关税有关草案[3][4]，根据欧盟及其成员国在过去提出的三次碳关税草案，2021年7月14日，欧盟正式提出碳关税实施细则，2022年6月22日，欧洲议会通过了新的碳边境调节机制提案(CBAM)，也就是俗称的碳关税。其特征为：围绕欧盟碳交易机制作为政策依据开展；采用平均排放而不是每个产品的排放作为关税依据，并给予入口商机

---

[1]　OECD. 2020. Carbon border adjustment：a powerful tool if paired with a just energy transition. https：//oecd-development-matters.org/2020/10/27/carbon-border-adjustment-a-powerful-tool-if-paired-with-a-just-energy-transition/.

[2]　EC. 2020. Carbon border adjustment mechanism：inception impact assessment.

[3]　Mehling M A，Asselt H，Das K，et al. 2019. Designing border carbon adjustments for enhanced climate action. American Journal of International Law，113（3）：433-481.

[4]　Mehling M. 2019. Pricing carbon at the European border. https：//www.ikem.de/wp-content/uploads/2019/12/13.12.19_03_COP25_Side-Event_Mehling.pdf.

会来证明其产品优于平均碳排放水平，从而减缓关税的影响；针对所有国家，但给予部分欠发达国家豁免。碳关税可能成为首个与气候变化相关的国际贸易规则。

CCUS有利于降低出口产品的碳足迹，但目前还没有国家和地区正式提出如何以CCUS项目减缓潜在碳关税的影响。根据过去欧盟产品进口质量的监管经验，未来有可能允许配备CCUS并实现一定比例碳减排的CCUS工业项目获得低碳证书或CCUS证书，从而让其产品豁免缴纳欧盟碳关税。如果欧盟碳关税的价格预期水平较高，可能会促成中国出口导向的工业率先开展CCUS项目来提高产品竞争力。CCUS最终能否被应用于降低产品出口关税取决于实施方法和关税水平。

‣ 第三章　中国 CCUS 大规模
部署需要的政策和监管框架

中国政府在过去15年（2006—2020）已出台30多项涉及支持CCUS的政策、发展规划、行动纲领或路线图。然而，相比可再生能源、电动车和核能，给予CCUS的实质性政策支持仍然不足；对于如何实现CCUS的相关路线图的目标，仍然缺乏可操作的政策措施；同时也缺少有助于降低CCUS早期应用投资风险的监管环境。本章系统地介绍了国内CCUS政策，通过借鉴国外CCUS经验，分析进行CCUS大规模部署所需满足的资金需求，并提出潜在政策和监管框架。

第一节　CCUS 政策环境回顾

一、全国性政策

在过去30年间，为了促使各国共同应对全球气候变暖问题，国际社会围绕改善气候环境的目标、原则、责任、义务、资金、技术和应对能力等问题进行了多轮艰难曲折的谈判，先后达成一系列共识和协定。第45届联合国大会于1990年12月21日通过第45/212号决议，决定设立气候变化框架公约政府间谈判委员会。谈判委员会成立后于1991年2月启动第一轮谈判，共举行了5轮谈判，于1992年5月9日在纽约通过了《联合国气候变化框架公约》（以下简称《公约》）[1]。《公约》根据"大气中温室气体浓度升高主要源于发达国家工业革命以来的大量排放导致的结果"这一基本事实，确定了发达国家和发展中国家之间在应对气候变化问题上"共同但有区别的责任"这一根本原则，即各缔约方有共同应对气候变暖的义务，但由于发达国家负有更多的历史和现实责任并拥有更强大的经济和技术能力，理应承担更多减排义务；发展中国家当前的首要任务是发展经济、消除贫困，应该在发展经济的进程中减缓温室气体排放。

《公约》虽然确定了控制温室气体排放的长期目标，却没有确定针对发达国家的可量化、具有法律约束力的温室气体减排指标。经过两年多的谈判，于1997年12月11日在日本京都召开的第三次缔约方会议上通过了《京都议定书》（以下简称《议定书》），首次为《公约》附件一缔约方（共39个缔约方，包括欧盟，日本等发达国家）规定了第一承诺期（即2008年）的减排指标，即附件缔约国在1990年温室气体排放水平基础上平均减排5.2%。同时，为便于发达国家履行义务、完成减排目标，《议定书》还设立了三种履约的灵活机制——联合履行、排放贸易和清洁发展机制，从而可以更低成本实现减排义务。《议定书》只规定了发达国家到2008年为止的减排任务，但此后如何推进全球减排和保护气候的行动及目标，则仍需要继续通过谈判来确定。

---

[1]　UNFCCC. 2020. https：//unfccc.int/.

　　经过8年的谈判，《公约》195个缔约方在2015年12月12日一致同意通过了《巴黎协定》。《巴黎协定》以国家自主减排方案为基础履行各自的温室气体减排义务，是自下而上确定各自义务的保护气候的条约，有别于《议定书》由上而下规定减排义务的方式。《巴黎协定》明确了3个主要目标[1]：

　　（1）把全球平均气温升幅（相比于工业革命前水平）控制在2℃之内，并努力将气温升幅限制在1.5℃之内；

　　（2）增强对气候变化所带来的不利影响的适应能力并在以不牺牲粮食产量为前提的情况下，提高抵抗相关风险的能力，促进节能减排发展；

　　（3）经济发展应符合低排放和气候适应型发展的要求。

　　《巴黎协定》中包括实施细则框架：透明框架及实施原则、各国在减排行动方面的自主贡献、相关信息的提供，同时更新了发达国家向发展中国家提供资金援助的细则、帮助发展中国家实现技术进步、促进建立合作减排的国际机制。2021年11月13日，联合国第二十七次缔约方会议通过了《格拉斯哥契约》，制定了《巴黎协定》的实施细则。

　　中国参与全球气候保护的历程，可大体上划分为四个阶段[2]：1991—1998年的早期阶段，主要特征是"捍卫国家发展权益、促进发达国家率先减排"；1998—2008年的深度参与阶段，主要特征是积极参与谈判制定气候变化国际合作规则，积极主动参与气候变化项目层面的国际合作；2009—2013年的全面参与全球应对气候变化治理阶段，主要特征是从被动或被迫参与到主动提出全球应对战略的转折；从2014年之后到目前的引领全球应对气候变化阶段，逐步成为全球应对气候变化参与者、贡献者、引领者。

　　中国政府高度重视应对气候变化工作，习近平总书记多次就应对气候变化工作作出重要指示，强调应对气候变化不是别人要我们做，而是我们自己要做[3]。中国在2013年发布了《国家适应气候变化战略》，在2015年向《公约》秘书处提交了应对气候变化国家自主贡献文件，提出将在2030年左右达到排放峰值并争取尽快达峰，以及实现在每单位国内生产总值二氧化碳排放量这一指标上相较于2005年下降60%～65%，非化石能源占一次能源消费比例达到20%左右，森林蓄积量比2005年增加$45×10^8 m^3$左右等自主行动目标。中国政府与欧盟委员会在2020年9月14日中欧视频峰会上同意共建环境与气候高层对话机制，同时中国也在积极研究制定21世纪中期的气候变化目标[4]。2020年9月22日，习近平总书记在第75届联合国大会一般性辩论中提出在2030年之前提前实现碳排放达峰

---

❶　UNFCCC. 2020. The Paris Agreement.

❷　梁希，孙轶颋. 2020. 气候投融资教材. 生态环境部"十三五"应对气候变化系列教材.

❸　"习主席出访专家谈"：应对气候变化问题上的中国担当. 2015–11–30. http：//politics.people.com.cn/n/2015/1130/c1001–27872720.html.

❹　外交部. 2020. 2020 年 9 月 15 日外交部发言人汪文斌主持例行记者会.

目标以及在2060年实现"碳中和"愿景。2020年12月12日，习近平总书记在在气候峰会上进一步提出，到2030年中国单位国内生产总值二氧化碳排放将比2005年下降65%以上。2021年10月28日，中国向联合国提交了应对气候变化的国家自主贡献方案的最新报告，正式提高了整体减排承诺。

在国内履行公约责任上，中国政府通过实施五年计划将全国应对气候变化中长期目标转化为短期目标，并通过对地方政府实施目标责任制度确保任务能够得以完成❶。目标责任制度是指上级和下级政府之间、政府与企业之间、企业内部上级和下级之间，以签订目标责任书的形式，规定相关负责人某一时期内的目标，并通过数据统计和监测，在期末对相关责任人进行考核的一种管理制度。中国政府在"十一五"期间将目标责任制运用到节能减排领域，并在"十二五"期间延伸至温室气体减排领域。从中央政府到省、市、县各级政府，碳减排目标责任制把减排任务（参考指标为单位国内生产总值二氧化碳排放降低率）分摊到各级行政单位，并将考核结果作为上级政府对下一级政府奖惩考核的重要依据。"十四五"期间，预计碳排放达峰有关任务也将分摊到各级行政单位，其作为重要的考核目标，目前已经得到各省市政府的高度重视。

如第二章所述，CCUS技术是未来全球实现大规模减排的关键技术之一。中国政府出台了一系列CCUS相关的政策和规划，有序推进CCUS技术的发展和推广❷。2006年以来，国务院、国家发展和改革委员会、科学技术部、生态环境部等先后参与制定并发布了31项与CCUS有关的国家政策、发展规划和行动纲领，如《国家应对气候变化规划（2014—2020年）》《"十三五"国家科技创新规划》《"十三五"控制温室气体排放工作方案》《中国碳捕集利用与封存技术发展路线图（2019版）》等（表3-1）。这些发展规划不仅涉及国家战略层面，还进一步向具体化、可操作、可执行、可示范以及可推广的趋势深度发展，为CCUS技术的研发、示范、应用和推广指明了方向。

在各个五年计划推出时，国家有关部门会根据CCUS技术发展情况提出下阶段的发展目标，同时地方政府会紧跟国家的指导政策提出地方性发展策略。"十三五"期间，CCUS政策更加偏向系统性CCUS示范项目的推广以及具体技术性能的优化和提升，其中，重点加强了以下几个主要方面的工作：（1）在新建火电厂开展CCUS示范的可行性评估，并涵盖CCUS有关的预留内容；（2）在煤化工行业广泛推进低成本生产与EOR相结合的示范项目；（3）鼓励油气企业主动开展二氧化碳–EOR示范推广，增加工程经

---

❶ 赵小凡，李惠民，马欣. 2020. "十二五"以来中国应对气候变化的行政手段评估. 中国人口、资源与环境，30（4）：9-15.

❷ Jiang K，Ashworth P，Zhang S，et al. 2020. China's carbon capture, utilisation and storage（CCUS）policy：a critical review. Renewable and Sustainable Energy Reviews，119：109601.

表 3-1　2006—2022年中国国家层面发布的CCUS有关政策及主要内容

序号	发布单位	发布时间	名称	主要内容
1	国务院	2006年	《国家中长期科学和技术发展规划纲要（2006—2020年）》	提出"重点研究开发大尺度环境变化准确监测技术，主要行业二氧化碳、甲烷等温室气体的排放控制与处置利用技术，生物固碳技术及固碳工程技术，以及开展气候变化、生物多样性保护、臭氧层保护、持久性有机污染物控制等对策研究。同时，在先进能源技术方向提出"开发高效、清洁和二氧化碳近零排放的化石能源开发利用技术"
2	国家发改委	2007年	《中国应对气候变化国家方案》	确认加快二氧化碳捕获利用、封存技术开发和推广力度
3	科技部、国家发改委等14部委	2007年	《中国应对气候变化科技专项行动》	将"二氧化碳捕集、利用与封存技术"列为重点支持，集中攻关和示范的重点技术领域
4	国务院	2008年	《中国应对气候变化的政策与行动》	将"二氧化碳捕集、利用与封存技术"列为科技研发重点支持领域
5	科技部	2011年	《国家"十二五"科学和技术发展规划》	提出"发展二氧化碳捕集利用与封存等技术"
6	国土资源部	2011年	《国土资源"十二五"科学和技术发展规划》	提出地质碳汇和二氧化碳地质储存技术攻关，"开展地质碳储方法，捕获和封存（CCS）工艺及监测技术攻关，探索人工固碳碳汇技术和途径。以盆地（平原）为单元，含石油盆地、含天然气盆地和含煤层气盆地为重点，编制全国地质碳储潜力评价图。筛选战略远景区，实施地质碳储工程示范工程
7	科技部、中国21世纪议程中心	2011年	《中国碳捕集、利用与封存（CCUS）技术》	提供了中国发展CCUS技术的基本原则和总体发展进展，重点分析其研发投入，试点示范项目和国际合作项目
8	国务院	2011年	《"十二五"控制温室气体排放工作方案》	提出"到2015年全国单位国内生产总值二氧化碳排放比2010年下降17%的目标，大力开展节能降耗，优化能源结构，努力增加碳汇，加快形成以低碳为特征的产业体系和生活方式"
9	科技部、外交部等16部委	2012年	《国家"十二五"应对气候变化科技发展专项规划》	碳的增汇、捕集利用与封存技术作为减缓重要方向，"开展生物固碳工程技术，研究通过改变土地利用方式和调控农业生产方式以减少温室气体排放的技术，开展二氧化碳捕集、利用与封存技术研发和示范。提出二氧化碳捕集、利用与封存技术开发重点领域，"研究低能耗的燃烧前、燃烧后及富氧燃烧，碳捕集等关键技术，研究建立连接运输地址选址、地下二氧化碳流动监测与模拟、泄漏风险评估和监测技术的研发与示范、测量与监测等关键技术，开展二氧化碳强化采油、微藻制油和化工利用等二氧化碳利用技术的研发与示范，开展二氧化碳捕集、利用与封存相关法律法规及相关法规的研究，围绕发电、钢铁、水泥、化工等重点行业开展二氧化碳捕集、利用与封存技术的综合集成示范"

中国碳捕集、利用与封存商业化蓝皮书（2022）

续表

序号	发布单位	发布时间	名称	主要内容
10	工业和信息化部、国家发改委、科技部和财政部	2012年	《工业领域应对气候变化行动方案（2012—2020年）》	提出工业碳捕集、利用与封存示范工程，"在化工、水泥、钢铁等行业中实施碳捕集、利用与封存一体化示范工程，加快推进拥有自主知识产权的碳捕集与封存技术的示范应用，研发二氧化碳资源化利用的技术和方法，探索适合中国国情的碳捕集、利用与封存技术路线图，不断加强工业碳捕集、利用与封存能力建设"
11	科技部	2013年	《"十二五"国家碳捕集利用与封存科技发展专项规划》	围绕CCUS各环节的技术瓶颈和薄弱环节，统筹协调基础研究、技术研发、装备研制和集成示范部署，突破CCUS关键全流程CCUS示范项目建设
12	国家发改委	2013年	《战略性新兴产业重点产品和服务指导目录》	明确先进环保产业包括碳减排及碳转化利用技术、碳集及封存技术等减少或消除控制温室气体排放的技术
13	国家发改委	2013年	《关于推动碳捕集、利用和封存试验示范的通知》	（1）结合碳捕集和利用各工艺环节实际情况开展相关试验示范项目；（2）开展碳捕集、利用和封存示范项目和基地建设；（3）探索建立相关政策激励机制；（4）加强碳捕集、利用和封存相关标准规范的制定；（5）推动碳捕集、利用和封存国际合作；（6）加强能力建设和国际合作
14	国务院	2013年	《国家重大科技基础设施建设中长期规划（2012—2030年）》	在能源科学领域化石能源方面，"探索预研二氧化碳捕集、利用和封存研究设施建设，为应对全球气候变化提供技术支撑"
15	环境保护部	2013年	《关于加强碳捕集、利用和封存试验示范项目环境保护工作的通知》	加强碳捕集、利用和封存试验示范项目环境保护工作：（1）加强环境影响评价；（2）积极推进环境影响评价；（3）探索建立环境风险防控体系；（4）推动环境标准规范制定；（5）加强基础研究和技术示范；（6）加强能力建设和国际合作
16	国务院	2014年	《国家应对气候变化规划（2014—2020年）》	在火电、化工、油气开采、水泥、钢铁等行业中实施碳捕集试验示范项目，在地质条件适合的地区，开展碳捕集、利用一体化示范工程。积极探索二氧化碳捕集、驱油、封存一体化示范工程
17	国务院	2014年	《中美气候变化联合声明》	推进碳捕集、利用和封存重大示范：经由中美两国主导的公私联营实体在中国建立一个重大碳捕集新项目，并就向深水层注入二氧化碳以获得淡水的提高采水率新试验项目进行合作，以深入研究和监测利用工业排放二氧化碳进行碳封存
18	国家能源局、环境保护部、工业和信息化部	2014年	《关于促进煤炭安全绿色开发和清洁高效利用的意见》	大力推进科技创新方面提出"积极开展二氧化碳捕集、利用与封存技术研究和示范"

62

续表

序号	发布单位	发布时间	名称	主要内容
19	国家能源局	2015年	《煤炭清洁高效利用行动计划（2015—2020年）》	积极开展二氧化碳捕集、利用与封存技术研发和示范；鼓励现代煤化工企业与石油企业及相关行业合作，开展驱油、微藻吸收、地质封存等示范，为其他行业实施更大范围的碳减排累积经验
20	国家发改委	2015年	《国家重点推广的低碳技术目录》（第二批）	国家重点推广的技术包括低碳技术涉及碳捕集、利用与封存
21	环境保护部	2015年	《合成氨工业污染防治技术政策》	鼓励研发的新的技术中提到"二氧化碳捕集和综合利用技术"
22	国家发改委、国家能源局	2016年	《能源技术革命创新行动计划（2016—2030年）》	明确15项重点任务的具体目标、行动措施以及战略方向。强调二氧化碳大规模低能耗捕集、资源化利用及二氧化碳可封存，检测及运输方面的技术攻关。同时对2020、2030目标及2050展望作出规划
23	环境保护部	2016年	《二氧化碳捕集、利用与封存环境风险评估技术指南（试行）》	提出二氧化碳捕集、利用与封存的术语与定义、环境风险评估工作程序，确定环境本底值和环境风险评估
24	国务院	2016年	《"十三五"国家科技创新规划》	重点加强燃煤二氧化碳捕集、利用与封存的研发，开展燃烧后二氧化碳捕集实现百万吨/年的规模示范
25	国务院	2016年	《"十三五"控制温室气体排放方案》	提出"在煤基行业和油气开采行业开展捕集、利用与封存行业示范，控制煤化工等工业行业碳排放""推进工业领域碳捕集、利用和封存试点示范，并做好环境风险评价""研究制定重点行业、重点产品温室气体排放核算标准，建筑低碳运行标准、碳捕集利用与封存运行标准、标识和认证制度"
26	国家发改委、国家能源局	2016年	《煤炭工业发展"十三五"规划》	列出燃煤二氧化碳捕集、利用与封存等关键技术为煤炭发展的重点
27	国家发改委	2017年	《战略性新兴产业重点产品和服务指导目录》（2016版）	将"控制温室气体气体排放技术；碳减排及碳转化利用技术装备、碳捕集及碳封存技术装备"单独列示。另外，相比于2014年第一版《国家重点推广的低碳技术目录》，2017年发布的第二版将对CCUS技术的投资额增加，对减排量的要求也大幅度提高
28	科技部、环境保护部、气象局	2017年	《"十三五"应对气候变化科技创新专项规划》	推进减缓气候变化大规模低成本捕集、利用与封存技术的研发和应用示范，设立大规模低成本碳捕集、利用与封存（CCUS）关键技术专栏。"继续推进大规模低成本碳减排技术研发与应用示范，同时推进森林、草地、农田、湿地等重要生态系统固碳增汇技术示范，制定重点行业与领域应对气候变化减缓技术发展路线图和技术规划，结合产业结构优化升级，大幅提升中国碳减排自主贡献"

续表

序号	发布单位	发布时间	名称	主要内容
29	住建部、国家市场监督管理总局	2018年	《烟气二氧化碳捕集纯化工程设计标准》	适用于新建、扩建或改建的烟气二氧化碳捕集纯化工程工程设计
30	科学技术部社会发展科技司、中国21世纪议程管理中心	2019年	《中国碳捕集利用与封存技术发展路线图（2019版）》	国内外应对气候变化的新形势要求对CCUS技术重新定位，以促进生态文明建设和可持续发展战略的实施；CCUS技术内涵的丰富和外延的拓展，需要进一步明确发展方向，以有序推进第一代捕集技术向第二代捕集技术的平稳过渡；CCUS技术的迅速发展使社会各界对CCUS认知度不断提高，亟待加快调整CCUS技术的发展目标和科研部署，为相关政策的制定和实施执行和顺利实施提供科技支撑
31	中国人民银行、国家发改委、中国证券监督管理委员会	2020年	《关于印发〈绿色债券支持项目目录（2020年版）〉的通知（征求意见稿）》	首次将CCUS项目纳入支持目录，CCUS即二氧化碳捕集、利用与封存工程建设和运营项目
32	中共中央办公厅、国务院办公厅	2020年	《关于构建现代环境治理体系的指导意见》	旨在构建党委领导、政府主导、企业主体、社会组织和公众共同参与的现代环境治理体系
33	国家发改委、科技部、工业和信息化部、自然资源部	2020年	《关于组织推荐绿色技术的通知》	要求各单位推荐节能环保、清洁生产、清洁能源、生态环境、基础设施绿色升级等领域的相关技术
34	工业和信息化部	2020年	《关于下达2020年国家重大工业节能监察任务的通知》	旨在落实年度工业节能监察重点工作计划，对各工业企业能耗情况及政策执行情况实施专项监察
35	生态环境部、国家发改委、中国人民银行、证监会、银保监会	2020年	《关于促进应对气候变化投融资的指导意见》	旨在大力推进应对气候变化投融资发展，引导和撬动更多社会资金进入应对气候变化领域，进一步激发潜力、开拓市场，推动形成减缓和适应气候变化的能源结构、产业结构、生产方式和生活方式
36	国务院	2021年	《2030年前碳达峰行动方案》	明确各地区、各领域、各行业目标任务，加快实现生产生活方式绿色变革，推动经济社会发展建立在资源高效利用和绿色低碳发展的基础之上，确保如期实现2030年前碳达峰目标，将碳达峰贯穿于经济社会发展全过程和各方面，重点实施能源绿色低碳转型行动、节能降碳增效行动、工业领域碳达峰"碳达峰十大行动"

续表

序号	发布单位	发布时间	名称	主要内容
37	中国政府	2021年	《中国落实国家自主贡献成效和新目标新举措》	总结了2015年以来,中国落实国家自主贡献的政策、措施和成效,提出了新的国家自主贡献目标以及落实新目标的重要政策和举措,阐述了中国对全球气候治理的基本立场、所做贡献和进一步推动应对气候变化国际合作的考虑
38	中国政府	2021年	《中国本世纪中叶长期温室气体低碳排放发展战略》	在总结中国控制温室气体排放重要进展的基础上,提出中国21世纪中叶长期温室气体低碳发展的基本方针和战略愿景、战略重点及政策导向,并阐述了中国推动全球应对气候治理的理念与主张
39	生态环境部	2021年	《碳排放权交易管理办法(试行)》	旨在落实建设全国碳排放权交易市场的决策部署,在应对气候变化和促进绿色低碳发展中充分发挥市场机制作用,进一步加强对温室气体排放的控制和管理,规范全国碳排放权交易及相关活动
40	国务院	2021年	《关于加快建立健全绿色低碳循环发展经济体系的指导意见》	明确了2025年和2035年具体目标,部署了健全绿色低碳循环发展的生产体系、流通体系、消费体系,加快基础设施绿色升级等重点工作任务
41	生态环境部	2021年	《关于加强企业温室气体排放报告管理相关工作的通知》	对2020年度温室气体排放数据报告与核查等工作做出了部署,并明确了全国碳排放权利用各履约周期的配额核定和清缴履约时间安排
42	国家发改委	2021年	《"十四五"循环经济发展规划》	提出到2025年资源循环型产业体系基本建立,覆盖全社会的资源循环利用体系基本建成等主要目标,单位GDP能源消耗比2020年降低13.5%左右,大宗固废综合利用率达到60%等具体目标
43	教育部	2021年	《高等学校碳中和科技创新行动计划》	明确到2025年高校碳中和领域科研任务近期、中期和远期成为碳中和人才培养、CCUS技术攻关和成果转化等具体措施
44	生态环境部	2021年	《环境影响评价与污染许可领域协同推进碳减排工作方案》	明确了到2022年开展重点区域、重点行业污染与碳排放协同环境影响评价,基本形成与碳达峰、碳中和目标相适应的环境影响评价制度,建立污染物与温室气体协同管理的排污许可制度等
45	生态环境部	2021年	《碳排放权登记管理规则(试行)》《碳排放权交易管理规则(试行)》《碳排放权结算管理规则(试行)》	进一步规范全国碳排放权登记、交易、结算活动,保护全国碳排放权交易市场各参与方合法权益

续表

序号	发布单位	发布时间	名称	主要内容
46	中共中央、国务院	2021年	《关于完整准确全面贯彻新发展理念做好碳达峰碳中和工作的意见》	作为碳达峰碳中和"1+N"政策体系中的"1"，意见为碳达峰中工作进行系统谋划、总体部署。提出到2025年绿色低碳循环发展的经济体系初步形成，重点行业能源利用效率大幅提升；到2030年经济社会发展全面绿色转型取得显著成效，重点耗能行业能源利用效率达到国际先进水平，二氧化碳排放量达到峰值并实现稳中有降；到2060年绿色低碳循环发展的经济体系和清洁低碳安全高效的能源体系全面建立，能源利用效率达到国际先进水平，非化石能源消费比例达到80%以上
47	国务院	2021年	《国务院关于印发2030年前碳达峰行动方案的通知》	实施一批具有前瞻性、战略性的国家重大前沿科技项目，推动低碳零碳负碳技术水表备研发取得突破性进展。聚焦化石能源绿色智能开发和清洁低碳利用、可再生能源大规模利用、新型电力系统、节能、氢能、储能、动力电池、二氧化碳捕集利用与封存等重点，加强核心技术、前沿颠覆性技术变革前沿基础研究
48	中国人民银行	2021年	推出碳减排支持工具	对CCUS等碳减排技术的进一步国家层面支持，金融资本的力量预期会体现凸显。碳减排重点领域内相关企业发放的符合条件的碳减排贷款，按贷款本金的60%提供资金支持，利率为1.75%
49	生态环境部（《联合国气候变化框架公约》国家联络人）	2021年	《中国落实国家自主贡献成效和新目标新举措》	总结了2015年以来，中国落实国家自主贡献的政策、措施和成效，提出了新的国家自主贡献目标以及落实新目标的重要政策和举措，阐述了中国对全球气候治理的基本立场，所做贡献和进一步推动应对气候变化国际合作的考虑
50	生态环境部（《联合国气候变化框架公约》国家联络人）	2021年	《中国本世纪中叶长期温室气体低排放发展战略》	在总结中国控制温室气体排放重要进展的基础上，提出中国21世纪中叶中长期温室气体低排放发展的基本方针和战略愿景，战略重点及政策导向，并阐述了中国推动全球气候治理的理念与主张
51	中国、美国	2021年	《中美关于在21世纪20年代强化气候行动的格拉斯哥联合宣言》	两国宣布计划在此决定性的十年，根据不同国情，各自、携手并与其他国家一道加强并旨在缩小差距的气候行动与合作，包括加速绿色低碳转型和气候技术创新
52	国务院	2021年10月24日	《中共中央国务院关于完整准确全面贯彻新发展理念做好碳达峰碳中和工作的意见》	主要目标：作为碳达峰碳中和这"1+N"政策体系中的"1"，意见总体部署。重点任务：意见坚持系统观念，划、总体部署，提出10方面31项重点任务，明确了碳达峰碳中和工作的路线图、施工图
53	国务院新闻办公室	2021年10月27日	《中国应对气候变化的政策与行动》白皮书	作为世界上最大的发展中国家，中国克服自身经济、社会等方面困难，实施一系列应对气候变化战略、措施和行动，参与全球气候治理，应对气候变化取得了积极成效

续表

序号	发布单位	发布时间	名称	主要内容
54	国务院	2021年11月2日	《关于深入打好污染防治攻坚战的意见》	深入推进达峰行动。处理好减污降碳和能源安全、产业链供应链安全、粮食安全、群众正常生活的关系，落实2030年应对气候变化自主贡献目标，深入开展碳达峰行动。以能源、工业、城乡建设、交通运输领域和钢铁、有色金属、建材、石化化工等重点行业为重点，在国家统一规划的前提下，支持有条件的地方和重点行业、重点企业率先达峰。统筹建立二氧化碳排放总量控制制度。建设完善全国碳排放权交易市场，有序扩大覆盖范围，丰富交易品种和交易方式，并纳入全国统一公共资源交易平台。加强甲烷等非二氧化碳温室气体排放管控，制定适应气候变化战略2035。大力推进低碳和适应气候变化试点工作。健全排放源统计调查、核算核查、监管制度，将温室气体管控纳入环评管理
55	国家发改委	2021年12月	《贯彻落实碳达峰碳中和目标要求推动数据中心和5G等新型基础设施绿色高质量发展实施方案》	针对推动数据中心和5G等新型基础设施绿色高质量发展提出具体目标。具体而言，数据中心运行电能利用效率和可再生能源利用率明显提升，全国新建大型、超大型数据中心平均电能利用效率降到1.3以下，国家枢纽节点进一步降到1.25以下，绿色低碳等级达到4A级以上。全国数据中心整体利用率明显提升，东西部算力供需更为均衡。5G基站能效提升20%以上。在数据中心、5G实现绿色高质量发展基础上，全面夯实传统高耗能行业特别是传统高耗能行业的数字化转型升级，助力实现碳达峰总体目标，为实现碳中和目标奠定坚实基础
56	国务院国有资产监督管理委员会	2021年12月	《关于推进中央企业高质量发展做好碳达峰碳中和工作的指导意见》	到2025年，中央企业产业结构和能源结构调整优化取得明显进展，重点行业能源利用效率大幅提升，新型电力系统加快构建，绿色低碳技术研发和推广应用取得积极进展；中央企业万元产值综合能耗比2020年下降15%，万元产值二氧化碳排放比2020年下降18%，可再生能源发电装机比重达到50%以上，战略性新兴营收比重不低于30%，为实现碳达峰奠定坚实基础。到2030年，中央企业全面绿色低碳转型取得显著成效，产业结构和能源结构取得重大突破，绿色低碳产业规模与比重明显提升，中央企业能源利用效率达到世界一流企业先进水平，万元产值二氧化碳排放比2005年下降65%以上，中央企业绿色低碳循环发展的产业体系基本形成。到2060年，中央企业力争率先实现碳中和，有条件的中央企业率先实现碳达峰，能源安全高效的能源体系全面建立，能源利用效率达到世界一流企业核心竞争优势，为国家顺利实现碳达峰碳中和目标作出积极贡献
57	国家发改委	2022年	关于完善能源绿色低碳转型体制机制和政策措施的意见	"十四五"时期，基本建立推进能源绿色低碳发展的制度框架，形成比较完善的政策、标准、市场和监管体系，构建能耗"双控"和非化石能源目标制度为引领的能源绿色低碳转型推进机制。到2030年，基本建立完整的能源绿色低碳发展基本制度和政策体系，形成非化石能源既基本满足能源需求增量又规模化替代化石能源存量、能源安全保障能力得到全面增强的能源生产消费格局
58	国家发改委	2022年	《高能耗行业重点领域节能降碳改造升级实施指南（2022年版）》	《实施指南》作为《关于严格能效约束推动重点领域节能降碳的若干意见》《高耗能行业重点领域能效标杆水平和基准水平（2021年版）》的配套文件，针对石化、化工、钢铁、有色等行业的17个重点领域，分别提出了节能降碳改造升级方案，对有效提升重点领域能效水平、降低碳排放强度，加快实现绿色低碳高质量发展，具有重要指导作用

续表

序号	发布单位	发布时间	名称	主要内容
59	全国工商联	2022年	《全国工商联关于引导服务民营企业做好碳达峰碳中和工作的意见》	民营企业要充分认识做好碳达峰、碳中和工作的重要意义，加快转型升级，努力实现绿色低碳发展。引导服务民营企业做好碳达峰、碳中和工作是工商联践行"两个健康"工作主题的重要内容，各级工商联所属商会是工商联组织和工作依托，也是工商联引导服务民营企业的重要抓手，要切实发挥好商会服务企业、服务社会作用，推动会员企业做好碳达峰、碳中和工作
60	国家发改委	2022年	《"十四五"新型储能发展实施方案》	通知指出，到2025年，新型储能由商业化初期步入规模化发展阶段，具备大规模商业化应用条件。新型储能技术创新能力显著提高，核心技术装备自主可控水平大幅提升，标准体系基本完善，产业体系日趋完善，市场环境和商业模式基本成熟。其中，电化学储能技术进一步提升，系统成本降低30%以上；火电与核电机组耦合储能、蓄能等依托常规电源的新型储能技术逐步成熟；百兆瓦级压缩空气储能技术实现工程化突破。到2030年，新型储能全面市场化发展。氢储能、热（冷）储能、热化学储能核心技术装备自主可控，技术创新和产业水平稳居全球前列，市场机制、商业模式、标准体系成熟健全，与电力系统深度融合发展，基本满足构建新型电力系统需求，全面支撑能源领域碳达峰目标如期实现
61	国家发改委	2022年	《"十四五"现代能源体系规划》	"十四五"时期现代能源体系建设的主要目标：能源保障更加安全有力。能源综合生产能力大幅提升；创新发展能力显著增强；普遍服务能力持续提升。展望2035年，能源高质量发展取得决定性进展，基本建成现代能源体系。能源安全保障能力大幅提升，绿色生产和消费模式广泛形成，非化石能源消费比重在2030年达到25%的基础上进一步大幅提高，可再生能源发电成为主体电源，新型电力系统建设取得实质性成效，碳排放总量达峰后稳中有降
62	国家发改委	2022年	《氢能产业发展中长期规划（2021—2035年）》	明确指出：氢能是未来国家能源体系的重要组成部分。氢能是用能终端实现绿色低碳转型的重要载体。氢能产业是战略性新兴产业和未来产业重点发展方向。同时强调：重点发展可再生能源制氢，严格控制化石能源制氢。统筹布局建设加氢站，坚持安全为先，节约集约利用现有加油加气站的场地设施改扩建加氢站，探索站内制氢、储氢和加氢一体化等新模式。重点推进氢燃料电池中重型车辆应用
63	国家发改委	2022年	《推进共建"一带一路"绿色发展的意见》	围绕推进绿色发展重点领域合作，推进境外项目绿色低碳发展等提出15项具体任务，明确到2025年，绿色基建、绿色能源、绿色交通、绿色金融等领域合作扎实推进，绿色示范项目引领作用更加明显，境外项目环境风险防控体系更加完善，共建"一带一路""走出去"企业绿色发展能力显著增强。到2030年，绿色发展格局基本形成

续表

序号	发布单位	发布时间	名称	主要内容
64	国家能源局	2022年	《2022年能源工作指导意见》	增强供应保障能力。全国能源生产总量达到约44.1×10^8t标准煤，原油产量2×10^8t左右，天然气产量2140×10^8m³左右。保障电力充足供应，电力装机达到26×10^8kW左右，发电量达到9.07×10^12kW·h左右。新增煤电比重稳步下降，"西电东送"输电能力达到2.9×10^8kW以上。非化石能源占能源消费总量比重提高到17.3%左右，新增电能替代电量1800×10^8kW·h左右，风电、光伏发电发电量占全社会用电量的比重达到12.2%左右。着力提高电力质量效率。能耗强度目标在"十四五"规划期内统筹考虑，并留有适当弹性。跨区输电通道平均利用小时数处于合理区间，风电、光伏发电利用率持续保持合理水平
65	生态环境部、发改委、工信部	2022年	《关于推荐清洁生产先进技术的通知》	要求推广节能、节水、节材、减污、降碳效果明显，主要技术、经济指标具有先进性和适用性的技术
66	工业和信息化部	2022年	《"十四五"推动石化化工行业高质量发展的指导意见》	意见提出，石化化工行业要发挥固定碳固碳消纳优势，协同推进产业链碳减排；着力提高资源循环利用效率
67	国务院	2022年	《关于加快建设全国统一大市场的意见》	意见提出，打造统一的要素和资源市场，包括建设全国统一的能源市场，培育发展全国统一的生态环境市场
68	证监会	2022年	发布《碳金融产品》标准	引导金融资源进入绿色领域，支持绿色低碳发展
69	国家节能中心	2022年	《节能增效、绿色降碳服务行动方案》	围绕促进经济社会发展全面绿色转型，落实节约优先方针，以节能增效、减排降碳为重点工作方向
70	财政部	2022年	《财政支持做好碳达峰碳中和工作的意见》	到2025年，财政政策工具不断丰富，有利于绿色低碳发展的财税政策框架初步建立。2030年前，有利于绿色低碳发展的财税政策体系基本形成，促进绿色低碳发展政策体系成熟健全。2060年前，财政支持绿色低碳发展政策体系成熟健全，推动碳中和目标顺利实现
71	生态环境部	2022年	《减污降碳协同增效实施方案》	到2025年，减污降碳协同推进的工作格局基本形成；重点区域、重点领域结构优化调整和绿色低碳发展取得明显成效，形成一批可复制、可推广的典型经验；减污降碳协同度有效提升。到2030年，减污降碳协同能力显著提升，大气污染防治重点区域碳达峰与空气质量改善协同推进取得显著成效；水、土壤、固体废物等污染防治领域协同治理水平显著提高

验；（4）尽早部署咸水层封存的工程试验；（5）积极推动二氧化碳管道运输的小型示范。随着碳达峰和碳中和目标的提出，CCUS逐渐成为一种实现碳减排的重要托底技术，也是实现负排放的一种关键技术手段。

虽然国家层面出台了大量CCUS有关支持政策，但仍然缺少支撑CCUS商业化发展的动力。政策层面的局限性包括：（1）缺少约束性的法律和法规，如可再生能源的专项法律和监管办法；（2）缺少实质的激励政策，如免税、优惠贷款、电价补贴政策和配额政策等；（3）产业化政策缺少实质性目标，其中除了科技部通过《"十二五"碳捕集、利用与封存科技发展专项规划》设立了CCUS阶段性发展目标，缺少其他产业化目标；（4）缺乏部门间合作和协同。

在CCUS大规模推广上，提供实质的激励政策是最关键因素，而决策者对CCUS价值的理解是激励政策的基础。目前CCUS政策层面的局限性约束了CCUS潜在的商业化能力，且增加了监管者对CCUS项目实施所带来风险的顾虑。下文将会分析CCUS的公共资金需求和不同激励政策的效果。

如第二章所述，CCUS与中国大部分工业产业关联，需要国家发改委、财政部、生态环境部、科技部、国家能源局、自然资源部等部门协同支持。中国广东省在推动碳捕集测试项目时，由广东省发展和改革委员会进行示范项目立项，省生态环境厅给予指导和监督实施，并提供部分前期可行性研究经费支持，省能源局给予激励政策支持，实现了广东省发展和改革委员会、生态环境厅和能源局的紧密合作。

亚洲开发银行CCS路线图提出了四点政策建议：（1）优先在高排放地区推广CCUS，同时在电力行业开展大型CCUS示范项目；（2）为燃煤电厂CCUS示范项目制定支持政策，包括电价补贴、资源税减免和差价合约（CfD），同时借鉴可再生能源的推广经验将少数项目的额外成本进行分摊；（3）政府推进和资助二氧化碳管道网络建设；（4）要求新建煤电厂开展CCUS预留设计，避免"碳锁定"效应。亚洲开发银行该路线图为中国CCUS长中短期发展提供了建议，但主要聚焦煤电厂和大型煤化工厂，缺少对钢铁和水泥等大型排放源实施CCUS的建议。

《科技部CCUS路线图》建议给予CCUS与可再生能源同等配套政策支持，探索设立二氧化碳利用专项扶持资金以及把CCUS纳入碳交易体系；启动制定CCUS相关标准，为CCUS实施进行监管环境建设，包括明确地下空间利用权和长期责任。同时《科技部CCUS路线图》还提议加强产业链协作研究，促进企业和政府部门之间的合作。

二、地方政策

在国家的主导之下，多个省市也根据各自能源、经济发展情况，出台了CCUS有关政策和发展规划（表3-2），涉及采矿、火电、煤化工、水泥、石油、食品、钢铁和化工等多个行业，促进低碳技术研究和应用，推进示范项目开展。然而，由于国家暂未把CCUS列为工作任务指标进行地方和行业的分解，因此，除了少数省市有借用其他现行政策支持CCUS发展外（如广东省和上海市曾使用计划电量奖励政策支持碳捕集示范项目），绝大部分省市仍然以鼓励为主，缺乏实质的激励措施。

目前各省市并没有围绕CCUS项目提出监管框架建议，或试点事前、事中和事后的监管框架。现有CCUS中试项目的审批或备案流程并不统一。有关部门（如环保、消防等）对CCUS项目的报建和生产程序不熟悉，在避免引发工作失误风险的情景下，或影响有关部门决策，为项目的建设和运营带来障碍。在具体操作上，虽然二氧化碳非易燃易爆品，地方部门往往根据国家法规把二氧化碳列为危险化学品，增加了CCUS项目建设成本和运营成本，如需要保持CCUS设备的安全距离。另外，由于缺乏统一的CCUS减排量核算方法，在试点省市的CCUS项目仍然无法通过碳市场或其他普遍适用的机制提升项目的经济收益。

表 3-2　2010—2021 年中国部分省市政府发布的 CCUS 有关政策及主要内容

序号	发布单位	发布时间	名称	主要内容
1	安徽省人民政府	2010 年	《安徽省低碳技术发展"十二五"规划纲要》	提出到 2015 年"二氧化碳捕集及封存（CCS）关键技术研究取得进展，并开展试点、示范"的发展目标，并"开展 CCS 关键技术研发"
2	浙江省人民政府	2010 年	《浙江省应对气候变化方案》	力求在"二氧化碳捕集封存（CCS）技术"取得新突破
3	湖南省经济和信息化委员会	2011 年	《湖南省石化行业"十二五"发展规划》	提出"重点发展二氧化碳捕集封存技术"
4	北京市人民政府	2011 年	《北京市"十二五"时期能源发展建设规划》	提出"建成全国首座电厂二氧化碳捕集示范装置"
5	上海市人民政府	2011 年	《上海市能源发展"十二五"规划》	石洞口电厂建成世界上规模最大、拥有自主知识产权、年产 $10 \times 10^4 t$ 的二氧化碳捕集装置
6	上海市人民政府	2011 年	《上海市电力发展"十二五"规划》	石洞口二期扩建项目建成年产 $10 \times 10^4 t$ 的二氧化碳捕集装置
7	吉林省人民政府	2012 年	《吉林省"十二五"控制温室气体排放综合性实施方案》	在火电、煤化工、水泥、石油、食品和钢铁行业中开展碳捕集试验项目，建设二氧化碳捕集、驱油、封存一体化示范工程

序号	发布单位	发布时间	名称	主要内容
8	江西省人民政府	2012 年	《江西省"十二五"控制温室气体排放实施方案》	在火电、煤化工、水泥和钢铁行业中开展碳捕集试验项目，建设二氧化碳捕集、驱油、封存一体化示范工程
9	广东省人民政府	2012 年	《"十二五"控制温室气体排放工作实施方案》	在火电、水泥和钢铁等行业中开展碳捕集试验项目，建设二氧化碳捕集、驱油、封存一体化示范工程。推动碳捕集、利用与封存等新技术的研究和应用
10	黑龙江省人民政府	2012 年	《黑龙江省"十二五"控制温室气体排放工作方案》	支持大庆市碳捕集与封存示范项目建设，推进具有自主知识产权的碳捕集、利用和封存等新技术研究
11	宁夏回族自治区人民政府	2012 年	《宁夏回族自治区能源发展"十二五"规划》	结合煤炭间接液化和洁净煤发电（IGCC）示范项目建设，开展二氧化碳捕集和封存试验，促进高碳能源经济向低碳利用模式转变
12	重庆市人民政府	2012 年	《重庆市"十二五"控制温室气体排放和低碳试点工作方案》	开展碳捕集试验，建设一批示范工程
13	河南省人民政府	2012 年	《河南省"十二五"控制温室气体排放工作实施方案》	在火电、煤化工、水泥和钢铁行业实施碳捕集试验项目，积极探索实施二氧化碳捕集、驱油、封存一体化示范工程。研究具有自主知识产权的碳捕集、利用和封存等新技术
14	湖北省人民政府	2012 年	《湖北省"十二五"控制温室气体排放工作实施方案》	积极开展碳捕集试验项目，加快推进华中科技大学二氧化碳捕集示范工程
15	山东省人民政府	2012 年	《山东省"十二五"控制温室气体排放工作实施方案》	推进海底碳封存、海洋生物固碳、林业固碳等一批关键技术的研发，形成一批具有自主知识产权的低碳科技成果，进一步增强技术支撑能力
16	广西壮族自治区人民政府	2013 年	《广西循环经济发展"十二五"规划》	开展火电、水泥和钢铁行业碳捕集试验项目，探索建设二氧化碳捕集、驱油、封存一体化示范工程的可能性
17	江苏省人民政府	2013 年	《江苏省"十二五"控制温室气体排放工作方案》	加强二氧化碳捕集、利用与封存关键技术
18	福建省人民政府	2013 年	《福建省"十二五"控制温室气体排放实施方案》	开展具有自主知识产权的碳捕集、利用和封存等新技术的研究
19	河南省人民政府	2013 年	《河南省"十二五"应对气候变化规划的通知》	推进二氧化碳捕集、封存和利用关键技术研发，制定技术路线图，建立产业技术创新
20	四川省人民政府	2014 年	《2014—2015 年四川省节能减排低碳发展行动方案》	鼓励探索开展碳捕集、利用和封存示范
21	贵州省人民政府	2014 年	《2014—2015 年贵州省节能减排低碳发展行动方案》	实施碳捕集、利用与封存示范工程

续表

序号	发布单位	发布时间	名称	主要内容
22	广东省人民政府	2014 年	《广东省 2014—2015 年节能减排低碳发展行动方案》	实施碳捕集、利用与封存试验示范工程,推动部分电力、水泥新建项目开展预留碳装置示范
23	陕西省人民政府	2014 年	《陕西省 2014—2015 年节能减排低碳发展行动实施方案》	燃煤和低热值煤发电企业开展烟气超低排放技术应用,推动碳捕集、利用与封存技术研发
24	辽宁省人民政府	2014 年	《辽宁省 2014—2015 年节能减排低碳发展行动计划》	按照国家发改委的统一部署,积极探索碳捕集、利用与封存等相关工程
25	黑龙江省人民政府	2014 年	《黑龙江省 2014—2015 年节能减排低碳发展实施方案》	探索实施碳捕集、利用与封存示范工程
26	江西省人民政府	2015 年	《江西省 2015 年节能减排低碳发展行动工作方案》	积极探索碳捕集、利用与封存示范工程建设
27	浙江省人民政府	2016 年	《浙江省能源发展"十三五"规划》	探索在北仑电厂等大型燃煤电厂开展碳捕集与封存技术(CCS)应用,降低煤电碳排放。加强技术攻关,力争在大功率风机、先进储能材料、高效太阳能电池、海洋能利用、智能电网、分布式能源、燃料电池等领域核心技术取得重大突破,探索碳捕集与封存技术(CCS)应用,实现推广应用一批、示范试验一批、集中攻关一批
28	河南省人民政府	2017 年	《河南省"十三五"战略性新兴产业发展规划》	支持二氧化碳捕集、利用与封存技术研发
29	辽宁省人民政府	2017 年	《辽宁省"十三五"控制温室气体排放工作方案》	在煤基行业和油气开采行业开展碳捕集、利用与封存的规模化产业示范,控制煤化工等行业碳排放
30	甘肃省人民政府	2017 年	《甘肃省"十三五"控制温室气体排放工作实施方案》	在煤基行业和油气开采行业探索开展碳捕集、利用与封存示范,控制煤化工等行业碳排放
31	河北省人民政府	2017 年	《河北省"十三五"控制温室气体排放工作实施方案》	推进工业领域碳捕集、利用与封存试点示范,并做好环境风险评价
32	重庆市人民政府	2017 年	《重庆市"十三五"控制温室气体排放工作方案》	推动工业领域重点企业开展碳排放对标活动,推进工业领域的碳捕集、利用与封存试点示范
33	贵州省人民政府	2017 年	《贵州省"十三五"控制温室气体排放工作实施方案》	探索推进工业领域碳捕集、碳利用和碳封存试点示范

序号	发布单位	发布时间	名称	主要内容
34	广东省发展和改革委员会	2017年	《2017年广东省国家低碳试点工作要点》	加强低碳科技创新，筛选二氧化碳捕集利用与封存技术、高效太阳能利用技术、大型风电技术等适合广东省实际的技术进行重点研发和推广应用
35	四川省人民政府	2017年	《四川省控制温室气体排放工作方案》	逐步探索有序推进工业领域碳捕集、利用与封存试点示范，做好相应的环境风险评价
36	广东省人民政府	2017年	《广东省"十三五"控制温室气体排放工作实施方案》	推进工业领域碳捕集、利用与封存试点示范，并做好环境风险评价。依据国家战略方向和要求，筛选二氧化碳捕集利用与封存技术、高效太阳能利用技术、大型风电技术等适合广东省省情的技术进行重点研发创新。依据国家战略方向和要求，筛选二氧化碳捕集利用与封存技术、高效太阳能利用技术、大型风电技术等适合广东省省情的技术进行重点研发创新。研究制定重点行业、重点产品温室气体排放核算标准、建筑低碳运行标准、碳捕集利用与封存标准等。推动与主要发达国家在碳捕集、利用与封存及其他近零碳排放技术等先进低碳能源技术方面的交流与合作
37	广东省人民政府	2017年	《广东省战略性新兴产业发展"十三五"规划》	支持碳捕集、利用与封存技术研发与应用，发展碳循环产业
38	沈阳市人民政府	2017年	《沈阳市"十三五"控制温室气体排放工作方案》	在煤基行业开展碳捕集、利用与封存的规模化产业示范，控制煤化工等行业碳排放
39	杭州市人民政府	2017年	《杭州市"十三五"控制温室气体排放实施方案》	鼓励在能源相关行业开展碳捕集、利用与封存规模化产业试点示范
40	河北省人民政府	2020年	《关于征集二氧化碳捕集、利用和封存试点项目的通知》	征集河北省境内的火电、化工、油气开采、水泥、钢铁等企业，拟开展或正在开展的燃烧后捕集、燃烧前捕集、富氧燃烧捕集等项目，结合地质利用或封存、化工利用、生物利用等，形成完整的二氧化碳捕集、利用一体化试点项目工程。工程规模应达到每年3000t以上
41	内蒙古自治区科学技术厅	2020年	《内蒙古自治区科学技术厅2020年工作计划》	鼓励"科技兴蒙"合作主体等优质创新资源与我区企业、高校、研究机构合作，围绕大规模储能、氢能、稀土、石墨烯、二氧化碳捕集等五大领域和新材料、节能环保、高端装备制造、大数据、云计算和生物医药等战略性新兴产业，组织开展关键共性技术研发
42	北京市人民政府	2020年	《中共北京市委关于制定北京市国民经济和社会发展第十四个五年规划和二〇三五年远景目标的建议》	指出北京要率先基本实现社会主义现代化，明确到2035年北京要实现首都功能明显提升、京津冀协同发展水平明显提升、经济发展质量效益明显提升、生态文明明显提升、民生福祉明显提升及首都治理体系和治理能力现代化水平明显提升等主要目标
43	上海市人民政府	2020年	《上海市2020年节能减排和应对气候变化重点工作安排》	旨在全面完成"十三五"规划和污染攻坚战明确的节能减排目标任务，加快形成节约资源和保护环境相适应的空间格局、产业结构、生产方式、生活方式，促进生态文明不断发展

序号	发布单位	发布时间	名称	主要内容
44	山西省人民政府	2021年	《山西省国民经济和社会发展第十四个五年规划和2035年远景目标纲要》	提出到2035年山西省生态环境根本好转、生态文明制度体系全面形成，碳排放达峰后稳中有降等；"十四五"期间，山西省生态文明制度体系基本形成、绿色发展体制机制不断完善等
45	内蒙古自治区政府	2021年	《内蒙古自治区国民经济和社会发展第十四个五年规划和2035年远景目标纲要》	细化确定建设现代化内蒙古的目标指标、发展布局、行动计划、工程项目、政策举措等内容。环境方面，内蒙古将聚焦国家重要能源和战略资源基地，突出优化升级，有序有效开发能源资源等，实现能源经济转型取得重大突破
46	辽宁省自然资源厅、辽宁省林业和草原局	2021年	《辽宁省自然资源和林业草原管理部门碳达峰碳中和行动清单》	明确了将碳达峰、碳中和相关内容纳入辽宁省国土空间规划编制审查要点，加强绿色相关目标值的评估和监测，落实最严格的耕地保护制度，强化耕地数量、质量、生态"三位一体"保护
47	四川省生态环境厅	2021年	《四川省积极有序推广和规范碳中和方案》	旨在落实全省积极应对气候变化决策部署，有序推广和规范各类社会活动碳中和。到2022年，建成四川省碳中和创新服务平台，实施一批国际性、全国性大型活动碳中和示范项目；到2025年，初步构建起对接国际标准、符合国家要求、具有四川特色的碳中和政策标准体系和支撑服务体系
48	上海市生态环境局	2021年	《上海市2020年碳排放配额分配方案》	规定了分配总量、分配方法、配额发放、配额清缴与抵销机制等内容
49	江苏省生态环境厅	2021年	《江苏省生态环境厅2021年推动碳达峰、碳中和工作计划》	明确了推动制订全省碳达峰行动方案，开展碳排放与环评管理的统筹融合试点，协同推进减碳与大气污染防治，推动重点园区可再生能源开发利用，推进低碳城市、低碳园区等示范建设，把减污降碳纳入督察体系、加大碳达峰行动宣传力度等工作重点
50	深圳市人民政府	2021年	《深圳经济特区生态环境保护条例》	将碳达峰、碳中和纳入生态环境建设整体布局，授权深圳市政府制定重点行业碳排放强度标准，并将碳排放强度超标的建设项目纳入行业准入负面清单；并专设一章，对应对气候变化的一般性工作、碳达峰和碳中和、碳排放权交易等进行了规定
51	天津市人民政府	2021年	《天津市碳达峰碳中和促进条例》	首部以促进实现碳达峰、碳中和目标为立法主旨的省级地方性法规。规定了：市人民政府应当科学编制并组织落实本市碳达峰行动方案，实施促进碳中和的政策措施，确保本市碳达峰、碳中和各项目标任务落实。区人民政府应当落实碳达峰、碳中和任务，保证本行政区域内碳达峰、碳中和工作目标实现。市和区人民政府应当每年向本级人民代表大会或者人民代表大会常务委员会报告碳达峰、碳中和工作情况，依法接受监督。市发展改革部门负责碳达峰、碳中和工作领导机制的日常工作，组织落实碳达峰、碳中和工作领导机制的部署安排，协调推进碳达峰、碳中和相关工作。发展改革、生态环境、工业和信息化、交通运输、住房城乡建设、城市管理、农业农村、规划资源等部门按照职责分工，做好本行业、本领域碳达峰、碳中和相关工作，保证本行业、本领域碳达峰、碳中和工作目标实现

续表

序号	发布单位	发布时间	名称	主要内容
52	河北省人民政府	2021 年	《关于建立降碳产品价值实现机制的实施方案（试行）的通知》	工作目标：到 2021 年底，完成承德市林业固碳资源摸底调查，率先在塞罕坝机械林场及周边区域开发固碳项目；开展钢铁行业碳排放环境影响评价工作，引导钢铁、焦化等行业购买降碳产品，实现降碳产品生态价值，助力塞罕坝二次创业。到 2022 年底，总结试点经验，加大降碳产品供给能力，完善制度、创新政策、健全体系，摸索出一套切实有效的降碳产品市场机制。到 2023 年底，将降碳产品开发由固碳产品扩大到可再生能源、近零能耗建筑、碳普惠等，将降碳产品价值实现机制推广到其他"两高"行业，稳步扩大价值实现规模
53	上海市人民政府	2021 年	《上海加快打造国际绿色金融枢纽服务碳达峰碳中和目标的实施意见》	总体目标：以实现碳达峰、碳中和目标为引领，将绿色发展理念与上海国际金融中心建设紧密结合，到 2025 年，上海绿色金融市场能级显著提升，绿色直接融资主平台作用更加凸显，绿色信贷占比明显提高，绿色金融产品业务创新更加活跃，绿色金融组织机构体系进一步完善，形成国际一流绿色金融发展环境，对全国绿色低碳发展的支撑更加有力，在全球绿色金融合作中的角色更加重要，基本建成具有国际影响力的碳交易、定价、创新中心，基本确立国际绿色金融枢纽地位
54	上海市生态环境局	2021 年	《上海市低碳示范创建工作方案》	总体目标："十四五"期间在全市范围内创建完成一批高质量的低碳发展实践区（含近零碳排放实践区）和低碳社区（含近零碳排放社区），充分发挥引领示范作用，营造全社会绿色低碳生活新时尚
55	浙江省人民政府	2021 年	《浙江省碳达峰碳中和科技创新行动方案》	紧扣浙江省实际，依据"4+6+1"总体思路，提出了具体的技术路线图和行动计划，争取用好科技创新关键变量，抢先抢抓碳达峰碳中和技术制高点，到 2025 年和 2030 年，高质量支撑浙江省先后实现碳达峰和碳中和

第二节　CCUS 的商业模式与融资机制

一、CCUS 的商业模式

CCUS的商业模式指的是把CCUS开发、建设和运营等内外要素整合起来，形成一个完整的、高效率的且具有独特竞争力的运行模式，从而为CCUS投资者创造价值[1]。由于CCUS往往服务于政府的碳减排目标，因此，CCUS商业模式常常被研究人员等同于政策建议。实际上，CCUS商业模式不仅仅涉及政策，还包括由市场驱动的各种商业活动，如所有权结构和投融资模式（如附录一展示的全球19个CCUS项目商业模式）。以产业链划

---

[1] UK GOV. 2019. Carbon capture, usage and storage: business models. https://www.gov.uk/government/consultations/carbon-capture-usage-and-storage-ccus-business-models.

分，CCUS项目包括捕集、压缩纯化、运输和利用或封存四个环节。这四个环节涉及不同企业甚至不同的行业，其主要挑战是往往难以协调产业链上下游单位的合作，如电力企业实施捕集需要与石油企业的运输和封存业务开展紧密合作，但成本、收益和减排量的归属和分配需要厘清。

目前国内外CCUS项目，在商业模式上面临的挑战能够主要有六个方面：（1）项目开发费用；（2）资本投资；（3）运营成本；（4）技术风险；（5）碳减排归属；（6）全产业链单位合作模式。目前在运行的一体化CCUS的商业模式分为四大类❶（图3-1）：

（1）垂直一体化模式（Vertically Integrated Model）：由单一企业投资捕集、运输和服务，该单一企业通常为大型油气公司，有排放源、运输建设能力和封存地（包括EOR场地），如中国石油吉林油田项目、延长石油CCUS项目、巴西国家石油公司Santos盆地CCS项目、沙特阿美Uthmaniyah CCS项目。这种模式能避免各方合作带来的风险，但一定程度上限制了企业间和跨行业的合作。

（2）合伙模式（JV Model）：通过捕集单位（如电厂）、运输公司（如管道运营公司）和封存单位（油气公司）建立合资公司（JV），负责全链条CCUS项目（如包括电厂、管道和封存设施）的投资和运行，如加拿大Quest CCS项目。产品销售收益（如售电收益、提高石油采收率收益）和减排二氧化碳的权益归属合资公司。这种模式能够利用跨行业不同企业的资源，比垂直一体化模式更有利于多方参与。但形成合资公司需要多方谈判达成一致，未来合资公司如何为多个排放源服务需要各股东达成一致。

（3）运营商模式（Operator Model）：运营商模式与合伙模式类似，但设立的运营企业（可以是独立第三方或产业链的合资企业）并不投资和负责电厂的运行，如加拿大的Weyburn项目、美国Enid肥料厂结合EOR CCS项目、美国Coffeyville气化装置CCS项目。运营企业只承担碳捕集、运输和地质封存有关的投资和运行成本，并取得减排二氧化碳权益。如涉及EOR，则由油公司向运营商购买二氧化碳，由油公司承担EOR环节的投资和运营费用。这种模式有利于有运营单位专注于CCUS业务，但需要稳定的碳价格或其他政策保障CCUS运营公司的收益。

（4）第三方运输模式（Transporter Model）：第三方运输模式由运输单位衔接捕集和封存单位，如美国Val Verde天然气生产装置结合CCS项目、Shute Greek CCS项目。捕集单位（如电厂）负责承担二氧化碳的资本成本和运营成本，并得到二氧化碳减排的收

---

❶ Muslemani H，Liang X，Ascui F. et al. 2019. A review of business models for carbon capture，utilisation and storage in the steel sector：a qualitative multi-method study. Working Package 4.4，Carbon Capture，Utilisation and Storage in China's Iron/Steel Sector，University of Edinburgh.

益。运输单位支付运输投资和运营成本，类似电网收费。封存单位也向捕集单位征收封存费用。如涉及EOR的油气公司向捕集单位购买二氧化碳，并支付运输费用。由于在CCUS早期推广阶段，二氧化碳的供应能力通常大于运输和封存能力，运输和封存单位都属于基础设施，可以由一家企业（如油气公司）来负责以提高效率。

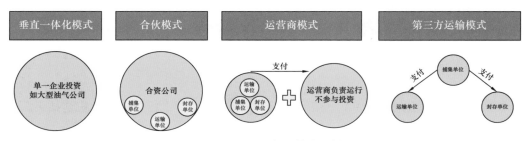

图 3-1　CCUS 商业模式图例

由于CCUS技术涉及不同企业甚至不同行业，根据国际CCUS项目的发展趋势可以预见，未来中国CCUS项目的商业模式将逐渐摆脱垂直一体化模式，逐步过渡到合伙模式或运营商模式。大型能源公司目前采用的垂直一体化模式，独立承担了CCUS技术中各环节的所有成本和风险，先行试点CCUS项目的示范工作，为未来CCUS项目的大规模部署积累了宝贵的工程建设经验和运营经验，然而大部分项目在该模式下都是无法实现盈利的，也正是由于此原因，无法吸引更多行业的企业参与CCUS项目的前期示范项目。随着碳中和背景下CCUS价值的不断提高和CCUS项目部署的加速推进，CCUS项目的商业模式也会随着技术的整体商业化而不断发展，合伙模式和运营商模式不但可以合理地划分整个技术链条中各参与方的责任和风险，而且可以明确各参与方的盈利方式（表3-3）。

综合来看，在碳中和驱动下合伙模式和运营商模式的盈利方式和发展前景相对明朗，但从垂直一体化模式向这两种商业模式过渡的过程中仍需要政府和金融机构的支持。政府需要更加明确CCUS技术对于实现碳中和目标的重要意义并颁布相关指导文件，金融机构应当为过渡时期开展合伙模式和运营商模式的企业提供更多资金支持，虽然在合伙模式下多家大型企业共同出资强化了CCUS项目金融上的抗风险能力，但是金融机构的加入能进一步提速该模式的商业化进程。运营商模式相对于合伙模式的风险更高，使得金融机构更难直接对运营商进行融资帮助，但随着未来5年内国内外多个CCUS集群项目的建成和运行［如英国Teeside项目、挪威北极光项目、中国石油西北CCUS产业促进中心（CCUS hub）项目，运营商模式势必会成为实现碳中和进程中CCUS项目的关键商业模式，具有前瞻性的金融机构会自发地提前参与该模式的前期项目。

较早开展合伙模式和运营商模式的企业和金融机构还有一项潜在的优势，并有机会转化为经济效益，即率先开展上述两种商业模式尝试的企业和金融机构，在其不断完善商业模式的过程中，可以积累宝贵的经验，在未来大规模推广上述商业模式的过程中，具有相关经验的企业和金融机构可以作为咨询方，为其他企业提供有偿的CCUS项目运行和商业模式建设相关的培训、咨询服务。

表 3-3　未来 CCUS 项目商业模式的主要发展方向及盈利分析

商业模式	成本和风险	收益	盈利方式
合伙模式	涉及 CCUS 不同技术环节的企业共同出资成立合资公司，合资公司承担整个 CCUS 项目的成本和风险。虽然与垂直一体化模式下能源公司独立承担项目成本和风险有相似之处，但合伙模式的背后是多家企业共同支持，捕集公司（如电厂）、运输公司（如管道运营公司）和封存公司（油气公司）的合作和支持比单一的能源企业具有更高的抗风险能力	直接收益：利用二氧化碳生产的高附加值产品带来的直接经济效益，目前来看，大规模 CCUS 项目较为可行的二氧化碳利用技术仍是二氧化碳 –EOR，通过销售该技术开采出的额外原油实现盈利。间接收益：一般指通过 CCUS 项目实现的二氧化碳减排所带来的减排效益，目前中国没有明确的碳税政策，该部分减排效益可以与国家碳交易市场中二氧化碳的定价进行衔接，从而确定该部分效益，与此同时，随着碳达峰和碳中和目标在我国经济发展中的意义不断深化，该部分减排效益的实际价值具有越来越大的上升潜力	项目的直接收益可以按照出资比例进行划分，值得注意的是，各方的出资比例并不由各方所处技术环节的成本确定，例如，碳捕集环节的成本占 CCUS 项目总成本的 70% 以上，但在合伙模式下并不是让电厂出资 70% 以上，最终的出资比例应由各方协商而定。项目的间接收益也可以按照出资比例将减排效益划分给各出资方，但应当考虑有些出资方并不需要太多的减排额度用于实现自身企业的碳中和（如管道公司），在这种情况下应建立合理的直接收益与间接收益的转化关系，高排放的出资方可以通过一定的计算方法获得更多的减排额度的效益分红，低排放的出资方可获得更多的直接经济回报
运营商模式	独立的运营公司承担 CCUS 项目的成本和风险。与合伙模式不同的是，运营商本身不涉及排放源（如电厂）的投资建设，仅负责与碳捕集、运输和封存有关的投资建设和运营成本	运营商获得所有的二氧化碳减排效益，但无法获得其他收益，如 CCUS 项目涉及二氧化碳 –EOR，则相当于运营公司向油气公司出售二氧化碳，运营公司并不投资运行二氧化碳 –EOR，也不获得该技术环节的相关权益	运营商可以通过向高排放企业销售核证减排量以获得经济效益，高排放企业也无须承担建设 CCUS 项目的风险，直接购买核证减排量用于企业减排。对于运营商而言，CCUS 项目集群和枢纽的建设有利于进一步降低成本和提高效益，在中国石油的牵头下，OGCI 支持建设的新疆准噶尔 CCUS 集群项目开启了中国 CCUS 集群建设的新篇章，未来集群化的 CCUS 项目建设是 CCUS 项目大规模部署的主要方向，可以通过设施共用、人才聚集等方式降低成本，提高技术竞争力。运营商模式的逐渐成熟也会增强相关产业链各企业进入 CCUS 行业的信心，吸引更多的相关企业加入运营商的合作体系，丰富和完善运营商模式，进一步推动该模式的商业化运行

　　CCUS商业模式在不同行业和不同项目周期有差异，涉及不同的规模和投资风险水平。项目开发周期通常分为六个阶段（图3-2）：

　　（1）选址和概念阶段：寻找潜在项目建设场地，与产权所有者商讨土地事宜，进行设备预安装研究，安装现场勘测设备。CCUS项目早期概念阶段的投资金额较低，但风险最高，要求回报率最高。

（2）可行性研究阶段：得到现场勘察数据，确定项目规模，确定需要走的审批程序，确定场地可用，运输重件设备路径，研究产品二氧化碳运输渠道，研究商业模式，向监管部门提交申请，投资者要求回报率极高。

（3）审批和详细设计阶段：确定商业模式，确定二氧化碳送出渠道（可能包括二氧化碳销售许可），发出设备询价文件，开始为建设环境准备（如建路、重建码头、"三通一平"等），完成详细设计（国外项目通常称为"工程前端设计"，FEED设计），要求回报率高。

（4）投资决定和建设阶段：完成所有报建审批流程，最终投资决定，所有建设条件都得到满足，土地和通道就绪，招标谈判完成，资金就绪，开始进行工程设计、采购和建设（EPC），CCUS的全链条建设风险支撑15%~20%的投资回报。

（5）调试和试运营阶段：开始捕集（运输及封存，如有）第一吨二氧化碳，确定所有的仪器仪表完整，满足所有运营前条件，配合工程公司和业主完成调试。

（6）运营阶段：正式竣工，完成工程结算，工程公司移交项目给运营公司。如果商业环境稳定，不存在政策监管风险，门槛投资回报率可显著降低，未来当CCUS部署水平提升，运营阶段的投资者需求回报率能够接近企业发行的债券收益率水平，金融机构可以通过基础设施基金参与。

选址和概念	可行性研究	审批和详细设计	投资决定和建设	调试和试运行	运营
(1) 1~3年； (2) 最高风险； (3) 少于20%项目最终能够开工建设； (4) 资金需求低，50万~100万元； (5) 阶段门槛投资回报率高于200%	(1) 1~2年； (2) 较高风险； (3) 少于一半项目最终能够开工建设； (4) 资金需求较低，300万~500万元； (5) 阶段门槛投资回报率为50%~100%	(1) 1~2年； (2) 中高风险； (3) 超过一半得到审批项目会实现投资决定； (4) 资金需求显著1000万~3000万元； (5) 阶段门槛投资回报率为30%~50%	(1) 1~2年； (2) 中等风险，主要风险为工程超支延迟完工和政策变化； (3) 投资决定后大部分项目会正常投运； (4) 资金需求大，5亿~20亿元； (5) 阶段门槛投资回报率为15%~20%	(1) 小于1年； (2) 中低风险； (3) 试运行阶段时间不长； (4) 没有显著资金需求，通常作为工程款的一部分； (5) 一般投资者不会投资试运行阶段项目	(1) 20~30年； (2) 低风险； (3) 运营稳定后门槛投资回报率低，为6%~8%； (4) 保险基金，商业基金可以买入； (5) 运营结束后需要持续监测

图3-2　CCUS项目周期各阶段资金需求量，风险和门槛回报率要求（以百万吨全链条项目为案例）

除了CCUS工程项目，CCUS有关应用技术的研发存在成熟的商业模式。过去20年投入CCUS技术研发已经逐步实现商业化，部分CCUS技术开发单位取得了良好的效益，如在碳捕集环节的壳牌康世富（Shell Cansolv）、Carbon Clean Solutions Limited（CCSL）（案例3-1），在碳封存环节的斯伦贝谢（Schlumberger）公司（案例3-2）。

此外，三菱重工、东芝、新日钢和塔塔（Tata）钢铁等企业均把CCUS技术开发列为公司重要商业机会，同时结合国家间气候合作向市场推广。目前全球运营中的最大电厂碳捕集项目——Petra Nova项目由日本出口银行提供贷款，使用日本三菱重工（MHI）的碳捕集溶液，日本石油天然气公司JX Nippon与美国公司NRG联合投资。

案例 3-1　CCSL 的商业融资

Carbon Clean Solution Limited（CCSL）是一家以技术为导向，从初创企业成长的公司，也是工业气体处理应用行业中CO_2分离技术的创新领导者，以英国和印度为基地。与现有的CO_2分离技术相比，CCSL创新技术大大降低了成本和环境影响。CCSL专注于创新，旨在为客户提供量身定做的低成本、节能的二氧化碳分离解决方案。

截至2019年，超过30家工厂在CCS、工业碳捕集与利用（ICCU）和可再生天然气（RNG）升级应用中使用了CCSL技术或溶剂。2019年，CCSL与美国能源部合作，建成燃煤烟气1t/d的先进热捕集试点；2019年，与谢菲尔德大学合作，为多种废气建立了1t/d的先进热捕集试点。

2020年7月，CCSL取得了2200万美元市场化的B轮风险投资，资金来源于艾奎诺公司风险投资部门（EV）和 ICOS Capital。且CCSL已经在2020年2月取得了Wave Equity Partners、Chevron Technology Ventures 和 Marubeni Corporation 提供的1600万美元资金。

案例 3-2　斯伦贝谢（Schlumberger）二氧化碳封存和监测商业部署

斯伦贝谢是全球最大的石油天然气技术服务公司，参与了全球大部分的二氧化碳封存示范和中试项目。斯伦贝谢认为CCUS将会带来重大的商业机会，在二氧化碳封存的各领域进行了技术部署，并积极参与到各种国际机构，如GCCSI、IEA GHG、CSLF等。斯伦贝谢在二氧化碳封存领域提供的服务包括：封存地确认和可行性研究、封存地评估、封存地开发和注入、为监管部门进行独立的评估、监测和验证（确保二氧化碳注入不带来泄漏和环境破坏风险）。

斯伦贝谢参与的项目包括加拿大维本市项目等70项北美二氧化碳提高石油采收率项目、挪威斯莱普内尔项目和斯诺赫维特项目、阿尔及利亚因萨拉赫项目、澳大利亚高更项目。斯伦贝谢也参与了多个研究项目，包括中英煤炭利用近零排放合作项目（Near Zero Emissions Coal）和中欧二氧化碳监管环境建设（Cooperation Action within CCS China-EU）项目。

如第二章所述，由于不同的二氧化碳排放源存在二氧化碳浓度差异，CCUS在各行业的减排成本差别显著。高浓度排放源（如天然气处理、煤或天然气制氢、化肥生产和生物乙醇生产等）能够为CCUS示范项目和建立大型二氧化碳运输及封存基础设施提供早期机会，而低浓度大型排放源（如煤电、气电、钢铁生产、水泥和化工等）需要积极开展CCUS示范项目，以降低这些行业的CCUS减排成本。CCUS还具有显著的区域差异（表3-4）[1]，全球碳捕集与封存研究院（GCCSI）对14个国家不同排放源的CCUS减排成本进行了预测，美国在发达国家中有成本优势，而中国的成本优势比美国更显著。由于每吨二氧化碳减排带来的气候效益在全球每个地区都是等同的，CCUS的成本优势将有利于吸引投资。未来降低CCUS的减排成本，是各国工业竞争力的重要指标。《科技部CCUS路线图》预测，随着第二代碳捕集技术推广，燃煤电厂捕集成本将会在2035—2040年下降至200元/t CO_2以下（图3-3）。

表 3-4　不同碳排放源 CCUS 示范项目的减排成本预测　　　　单位：美元 /t CO_2

国家	超临界燃煤	IGCC	天然气联合循环发电	钢铁	水泥	天然气处理	化肥	生物乙醇
澳大利亚	104	135	160	119	194	26.9	33	26.9
中国	60	81	99	74	129	24.2	27.8	24.2
韩国	93	120	119	92	159	26.9	31.6	26.9
印度尼西亚	74	106	96	76	126	22.8	26.9	22.8
德国	121	148	139	113	188	27.3	33.1	27.3
波兰	70	87	92	72	130	25.7	29.2	25.7
沙特阿拉伯	—	—	80	67	104	19.7	23.3	—
阿联酋	—	—	97	90	140	21.9	26.7	—
阿尔及利亚	—	—	87	76	116	20.3	24.4	—
摩洛哥	81	113	95	80	125	21.5	25.8	—
莫桑比克	96	134	104	86	140	23.5	28.1	23.5
美国	74	97	89	77	124	21.5	25.4	21.5
加拿大	115	143	101	92	146	22.3	27	22.3
墨西哥	81	114	88	71	113	21.3	25	21.3

---

[1]　GCCSI. 2017. Global costs of carbon capture and storage. 2017 Update.

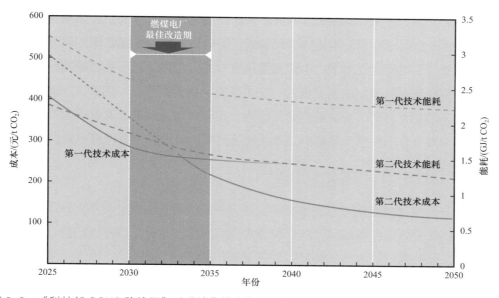

图 3-3 《科技部 CCUS 路线图》对碳捕集技术代际更替及其电厂应用成本与能耗变化预期示意图

目前全球大型CCUS项目的项目模式，主要是围绕通过高浓度二氧化碳捕集结合提高石油采收率开展的。目前全球在运行的CCUS项目中，大约一半是这种模式。而目前正在运行的19座CCUS项目中，仅有2座在低浓度排放源进行示范，且均为北美的电力行业。如上述章节所述，美国、英国、加拿大和挪威等国家在过去10年里逐步出台了力度较大的CCUS激励政策，与此同时，欧盟、美国加利福尼亚州—加拿大魁北克的碳市场价格持续走高。未来CCUS项目融资将结合公共部门的支持政策开展，而可行性较高的商业模式和商业部门投融资决策依据将成为CCUS发展的主要动力。

中国全链条CCUS项目的商业模式均为能源公司开展的一体化项目，包括中国石油、中国石化、延长石油和国家能源集团开展的CCUS中试和示范项目。电力、钢铁、水泥行业开展的中试项目，由于规模较小，缺少与油气公司接洽运输和封存的激励，通常将捕集的二氧化碳用于当地食品和工业级市场。除了中国石油、中国石化和延长石油开展的EOR项目外，其他CCUS项目主要靠中国企业或高校自身从减排和技术创新战略推动。仅有两个项目主要由政府政策推动，华中科技大学富氧燃烧项目依靠政府科研经费支持为主要动力实施，华润海丰碳捕集项目主要通过广东省计划电量政策激励结合华润电力投资和运营推动。

有别于美国和加拿大的CCUS产业在过去30年采用了多种不同的商业模式，中国现有CCUS项目的商业模式仍然比较单一。虽然中国能源企业敢于先行先试，但单个项目投资金额普遍较低，由于当前CCUS项目缺乏商业效益，企业对后续继续进行大规模CCUS项目投资的动力不足，也缺乏连续运营的商业动力。未来十年中国企业开展CCUS的商业模式和经验，将对中国未来CCUS产业的竞争力起到决定性作用。例如，如果不推动建立专门的CCUS合资公司或运营公司并推广此模式，将会影响中国企业在国内和国外投资、建设和运营大型CCUS的专业水平。中国如果没有成立专门的CCUS管网建设和二氧化碳封存的企业，并明确各方参与的商业模式，在未来跨行业衔接电力、钢铁、水泥等大型排放源的碳捕集环节与封存环节将会面临诸多困难。是否具备完善的二氧化碳封存和运输管网条件，或成为部分化石能源为原料的工业企业评估投资环境的重要考量因素。

二、CCUS 项目的融资机制

综上所述，除了结合高浓度排放源和EOR开展CCUS的少数机会外，开展大型一体化CCUS项目往往需要结合商业部门融资和公共部门的政策支持（也可以称为"公共部门融资策略"）。公共部门的政策支持是实现商业部门融资的基础条件，而商业部门在图3-2中的审批阶段的投资决定CCUS项目最终能否实施。管理和协调好多种融资手段和激励机制，将会有利于提高CCUS投资者的回报率，为企业带来可观的收入。

商业部门融资主要是指商业参与者提供的资金，包括能源公司的股权投资、风险投资以及能源公司和商业银行提供的贷款等。投资回报是商业部门投资最重要的驱动因素，公司的技术和环境策略战略也是投资的影响因素，如先行优势和社会责任。融资可以分为公司融资和项目融资，主要区别在于公司融资有对项目母公司拥有追索权，而项目融资仅以项目的现金流进行融资。由于CCUS项目现金流不确定性较大，采用项目融资在早期CCUS项目的实施中将会带来资金上的风险，融资成本也较高。商业部门的融资机制包括：

（1）能源公司自身投资。研究发现，CCUS项目发展的最主要动力是企业的技术战略，即潜在CCUS技术的大规模推广。中国大多数大型能源公司都是垂直的一体化体系结构，一般都包括下属的研发单位和工程设计院，这些机构的利益可能会影响企业战略。能源公司可以为CCUS项目子公司提供股权投资和股东贷款。

（2）CCUS项目融资。由于缺乏商业模式和激励政策，目前中国CCUS采用项目债权融资的方式较为困难。CCUS项目需要通过母公司担保或政府担保才有可能取得债权资金。CCUS项目早期阶段（如可行性研究阶段）的股权融资能够通过行业内大型能源公司投资的形式实现。

（3）商业银行贷款。由于CCUS示范项目风险较大，商业银行为CCUS项目提供贷款的意愿较低，即使参与投资，也并不能期望其成为主要的资金提供者，商业银行很难提供较大比例的债务融资（仅25%或以下）。中国开展了绿色信贷，但没有配套具体的支持政策，这对CCUS项目提升回报和降低风险效果有限。希望未来能够有配套政策的支持，例如气候专项信贷，同时结合其他政策支持可提高项目回报率。

（4）发行债券。CCUS项目业主（如能源公司）可以发行债券为项目取得资金，但早期CCUS项目的风险较大，需要业主信用或抵押物担保。未来如果能够出台具有实质政策支持的气候投融资工具（如气候债券），并把CCUS纳入为合资格项目，有助于降低CCUS融资成本。2020年，中国人民银行、国家发改委和证监会发布的《绿色债券目录》将CCUS纳入其中，这有利于提高金融机构对CCUS项目融资的信心❶。如"（2）"所述，目前CCUS项目公司通过担保以外的方式发行债券融资的可行性不强。

（5）风险投资和较小的投资者。虽然美国、加拿大、欧盟和英国的风险投资都支持CCUS项目的发展，特别在技术开发上，如英国和印度设立的燃烧后碳捕集技术公司Carbon Clean Solution取得了2200万英镑的B轮融资（案例3-1）。但目前国内还没有风险投资支持CCUS项目的案例❷，需要培育国内风险资本对CCUS投资的兴趣。

（6）供应商提供的财政支持。卖方融资可能成为支持早期大型CCUS示范项目发展的重要潜在机制，如碳捕集涉及的压缩机厂家、空气分离装置和总包工程公司均为潜在卖方融资的渠道。供应商提供融资，还能进一步延伸到BOT（建设、运营和转移）模式，为CCUS投资者简化商业模式，以降低风险。

由于私营部门融资很难给予大型CCUS示范项目大力的支持，因此公共部门的政策支持将发挥重要作用。公共部门融资主要包括中央政府、地方政府、外国政府、国内发展银行、多边发展银行和专项能源资金（如能源慈善机构和基金会等）。由于CCUS项目排放源、封存技术类型不同，项目之间的减排有非常大的差异，政策辅助商业项目开发需要考虑项目的实际情况，防止政策过度产生公共资源浪费，宜采用"一事一议"支持开展早期大规模CCUS项目，逐渐过渡到碳定价结合市场化补贴机制，最终仅依靠碳定价机制。公共部门和多边机构的直接资金支持的方式包括：

（1）中央政府财政支持。国家发改委、生态环境部和科技部是CCUS调控和融资的主管部门。2013年4月，国家发改委发文推动CCUS试点示范，未来可以作为开发金融政策支持机制的基础（表3-1）。国家财政专项和清洁发展机制资金可能是示范项目的潜在资金来源，但需要进一步研究和论证。借鉴欧盟碳市场NER300和NER400碳市场创新基金的经验❸，未来部分对于CCUS的财政支持资金可以来源于碳市场配额拍卖的收入❹，如用配额拍卖收入设立CCUS产业基金。

---

❶　中国经济时报 . 2020. 危中有机　我国绿债市场迎新突破 .

❷　Basul A. 2020. Carbon Clean Solutions closes \$22m Series B.

❸　EC. 2020. Innovation Fund. Climate Action.

❹　Interreg Europe. 2019. European Commission announces Innovation Fund for low-carbon technologies. Policy Learning Platform.

（2）地方政府财政支持。对于早期大规模CCUS项目融资，地方政府会与中央政府发挥同等重要的作用。例如，广东、陕西等低碳试点省市为CCS/CCUS项目的研究和试点提供了重要的政策支持，部分经济发达城市为基础建设投资和科研发展提供预算。地方政府支持形式较为灵活，包括直接财政补贴、电价补贴、税收返还和产业基金投资等。

（3）外国政府拨款。许多国家都意识到在中国发展CCUS技术的重要性，在双边和多边合作中给予CCUS项目优先权。通过中欧煤炭利用近零排放项目、英国国际气候基金（ICF）和战略繁荣基金（SPF）、全球碳捕集与封存研究院（GCCSI）以及中澳商业化规模CCUS项目研究合作，许多国际性CCUS计划可能会为中国大型CCUS示范项目提供有限但重要的资金来源。

（4）多边发展银行低息贷款。多边发展银行或将成为中国开发早期CCUS项目的主要资金来源。例如，亚洲发展银行也为绿色煤电项目一期工程提供了26年期的1.35亿美元贷款承诺（6年债务宽限期，放款利率为伦敦银行间拆放款利率加上0.6%），占项目资本投资总额的32%[1]，同时还批准为天津绿色煤电整体煤气化联合循环项目的一期工程提供了500万美元的赠款，计划为二期和三期工程提供120万美元的技术援助。实现多边机构的低息贷款，需要国家财政部的担保或者地方政府的贷款余额。而对项目开发阶段的赠款，需要国家和地方政府的支持。

（5）专项资金。多边机构也能为CCUS项目的发展提供部分资金支持，例如全球碳捕集与封存研究院（资金基本上来自澳大利亚政府）、世界银行CCS能力建设基金、亚洲开发银行CCS基金、全球环境基金（GEF）以及《公约》气候战略基金[2][3]。亚洲开发银行的CCS基金为多个中国CCUS项目提供早期资金支持，用于补充可行性研究和详细设计所需要的投入（包括延长、神华富氧、华润测试平台项目等）。总部位于韩国的联合国气候变化框架公约下的多边机构，绿色气候基金（GCF）也把CCUS纳入投融资领域[4]。

除了上述机制，公共部门还可以通过非资金的激励机制促进CCUS项目融资，包括奖励碳配额、设立碳排放绩效标准、增加计划电量水平、给予更多煤炭使用额度，以及为早期CCUS示范项目提供二氧化碳封存的部分风险担保。2020年，CCUS被纳入《绿色债券支持项目目录（2020年版）》，虽然没有实质的激励措施，但该目录鼓励以CCUS投资

---

[1] ADB. 2010. PRC gets $135 million ADB loan for power plant using new coal technology.

[2] Hart C，Liu H. 2010. Advancing carbon capture and sequestration in China：a global learning laboratory. China Environment.

[3] Almendra F，West L，Li Z, et al. 2011. CCS demonstration in developing countries：priorities for a financing mechanism for carbon dioxide capture and Storage. WRI Working Paper.

[4] World Coal Association. 2018. Driving CCUS deployment：the pathway to zero emissions from coal.

为目的的债券发行。2021年，CCUS被纳入中国人民银行发布的《碳减排工具》，或将直接得到降低贷款融资成本的效益。然而，商业部门仍然缺乏CCUS项目的融资能力和风险管理经验。成功的CCUS投融资项目，需要与公共部门决策者（包括多边机构）以及商业投资者充分沟通，明确各方的角色和定位，结合公共资金的支持，并最大化商业资金的效率。

案例 3-3　挪威 Aker Solutions 工程拆分碳捕集子公司上市

挪威Aker Solutions公司成立于1841年，是一家综合工程公司，业务包括石油、天然气、海上风电和CCUS等领域。目前大股东为KjellInge Roekke。Aker Solutions在2020年7月宣布分拆CCUS和海上风电业务上市，各募资5亿克朗（约4亿元人民币）。

在挪威中小板证券市场中Aker碳捕集公司首日涨幅接近200%，从1.7克朗升至5.4克朗。金融市场分析员认为，投资者有意向积极买入有显著环境、社会和企业管治（ESG）效应的股票。目前挪威证券市场上缺少类似的股票，所以价格反映了市场的需求。

Aker碳捕集目前有两份CCUS项目合同，包括Brevik的海德堡水泥碳捕集项目，使用Aker的专利技术。Brevik海德堡水泥CCUS项目计划捕集40×10^4t CO_2，使用挪威北极光CCS项目的离岸封存设施进行封存。Aker碳捕集分拆上市后，大股东Roekke的投资旗舰Aker ASA仍持有51%的权益。

三、CCUS 技术在不同情景应用的资金需求

CCUS技术的公共和商业资金需求取决于三方面因素：CCUS技术的成本、投资者对CCUS的回报需求（贴现率）和碳定价水平。根据IEA的预测，在CCUS发展的早期阶段，如图3-4所示，碳市场或碳税的价格远低于CCUS的成本，需要依靠大量的公共部门资金支持。随着CCUS成本下降，以及碳价格水平的上升，当减排成本低于碳价格，CCUS将不需要财政补贴，成为有竞争力的低碳技术，不需要公共部门"一事一议"的资金支持即可开展，即商业化"奇点"。如图3-5所示，根据第二章使用的模型假设条件，预计电力行业的减排成本会在2034年低于碳价格水平，钢铁和水泥的成本较高，2043年才能实现低于碳价格，预计中国高浓度排放源的减排成本则会更早地在2026年低于碳价格，在"十五五"初期具备大规模部署的条件。

如图3-6所示，IEA还对高浓度排放源以及电力、钢铁、水泥、炼化行业等低浓度排放源实施CCUS的成本进行了假设：实现亚洲开发银行CCS路线图设定的目标，2020—2050年累计需求2134亿元补贴，以8%贴现率计算，相等于2020年一次性给予712亿元补

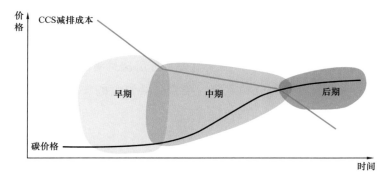

图 3-4　CCUS 减排成本与碳价格的关系

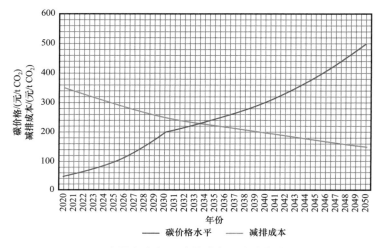

图 3-5　中国电力行业减排成本和碳价格水平预测

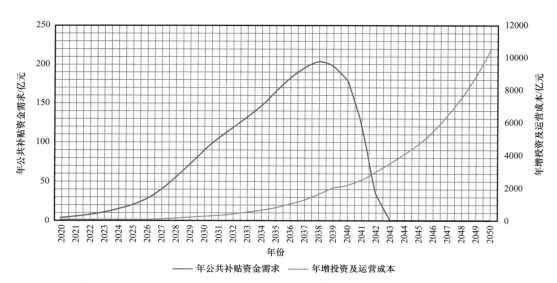

图 3-6　预计实现亚洲开发银行 CCS 路线图目标的年增投资及运营成本和年公共补贴资金需求

贴（即净现值）。未来30年CCUS的补贴净现值，远低于2019年可再生能源年度补贴。由此可见，CCUS的公共补贴资金需求远低于CCUS为2050年带来的GDP增加值，宏观上有经济效益。预计2030年，对CCUS的补贴水平为额外增加成本的35%，由于碳定价水平的提高和CCUS的成本下降，预计公共资金补贴该比例将在2043年及之后在所有行业降至0，能够完全依赖碳价格支持CCUS的投资和运营。由于届时碳价格水平高于减排成本，CCUS项目将取得盈利并开始纳税，但该研究没有考虑税收情景，因此实际的累计公共资金补贴水平比研究预期更低。

第三节　CCUS 政策选项

一、国内外 CCUS 政策经验

不同的CCUS政策对CCUS项目的投资促进作用有所差异，对CCUS部署有不同的政策效果。部分发达国家，如美国、加拿大、挪威、英国、澳大利亚和日本在CCUS政策上提供了实践经验。与此同时，稳定和长期的CCUS政策对大型能源和工业企业开展CCUS部署至关重要。碳价格信号是CCUS长期实施的关键支撑，如美国以税收返还的方式为CCUS专门设置了特别的碳价格，而挪威在20世纪90年代针对油气行业出台了碳税，都成功推动了大型CCUS项目的实施，积累了宝贵的设计、建设和运营经验。这些国家的CCUS政策经验能够为中国部署CCUS提供借鉴。

国外CCUS示范项目的激励政策设计根据CCUS项目在发展阶段（图3-1）的资金需求进行匹配，如对早期概念设计、可行性研究和FEED阶段提供赠款，在FID完成前政府明确资本金补贴和运营的资金补贴机制，以及澄清对运营后封存和监测义务的移交提供政策框架。根据不同阶段的资金和政策需求制定CCUS激励政策，有利于降低项目整体风险，实现收入与支出更好的匹配。

1. 美国 CCUS 政策经验

美国是化石能源生产和消费大国，1997年以来，美国能源部通过各种研究项目支持CCUS技术的发展，仅在2010年后的支持就超过40亿美元[1]。美国是全球首个通过CCUS的专门碳定价体系的国家，通过政策有效地支持CCUS示范项目的开展，即Form-45Q政策。目前Form-45Q政策直接为CCUS项目提供税收补贴，对于二氧化碳用于提高石油采收率和其他带来减排的二氧化碳利用项目，补贴35美元/t CO_2封存或利用量，而对于纯

---

[1] Yang X. 2020. CCUS 美国最新进展及典型项目环境风险评估. www.cityghg.com/m/view.php？aid=108.

粹地质封存的项目给予50美元/t CO_2封存量。此外，加利福尼亚州碳市场包含一项支持CCUS的特别条款，即低碳燃料标准（Low Carbon Fuel Standard，LCFS），有利于推动加利福尼亚州实施空气CCUS项目，而LCFS机制下的减排额价格高达180美元/t CO_2[1]。

目前全球在运行的19个大型一体化CCUS项目中，有10个项目位于美国，分布在得克萨斯州、伊利诺伊州、肯萨斯州、怀俄明州、俄克拉荷马州[2]。捕集来源包括化工装置（如Illinois Industrial），氢气生产（如Great Plains、Air Products），化肥生产装置（如Enid Fertiliser、CoffeyVille），天然气净化装置（如Century Plant、Terrell、Lost Cabin），以及煤电厂（如Petro Nova），其中Terrel 二氧化碳提高石油采收率项目于1972年开始运行。大部分二氧化碳排放源是高浓度工业排放源，捕集成本较低，然而电力行业占美国排放量的28%，高于工业排放的22%，因此美国政府也结合财政手段和税收返还政策支持燃煤电厂大型CCUS项目。根据美国非盈利机构Clean Air Task Force的统计，目前美国有超过30座CCUS项目处于开发阶段[3]。

美国CCUS蓬勃发展，除了受惠于Form-45Q的碳定价类型的税务返还补贴机制，也得到美国能源部和各州政府对CCUS技术研发给予的支持。在建的部分空气碳捕集项目还得到了上述区域碳市场给予的支持。另外，相对健全的监管环境有利于降低CCUS项目开发单位的风险。适用于二氧化碳捕集阶段的监管法律包括《清洁空气法》《清洁水法》《超级基金法》和《资源保护与恢复法》。对于二氧化碳封存，联邦层面主要通过三类法律监管：水的保护、监测与报告、联邦土地的使用，如通过《安全饮用水法》对水保护，并对二氧化碳注入井进行分类和监管。根据世界资源研究院统计，美国各州对CCUS制定监管框架重点内容包括：封存许可权、孔隙管理、开采权、二氧化碳所有权、长期责任、二氧化碳管道、提高石油采收率和组合标准[4]，如本章第四节所述。部分州承担二氧化碳注入结束后的长期封存责任，有效降低项目风险和成本[5]，例如得克萨斯州和路易斯安那州设立了专门的基金来支付部分二氧化碳封存地的长期监管、监测和修复费用[6]。

---

❶ GCCSI. 2019. The LCFS and CCS protocol：an overview for policymakers and project developers. https：//www.globalccsinstitute.com/wp-content/uploads/2019/05/LCFS-and-CCS-Protocol_digital_version.pdf.

❷ GCCSI. 2019. Global status of CCS 2019：targeting climate change.

❸ CATF. 2020. Interactive map of CCUS projects. https：//stephenjlee.github.io/catf-ccus/#/geomapfc.

❹ 宋倩，杨晓亮. 2016. 国际 CCS 法律监管框架对中国的借鉴与启示. www.wri.org.cn/sites/default/files/ 国际 CCS 法律监管框架对中国的借鉴与启示 .pdf.

❺ C2ES（Center for Climate and Energy Solutions），2020. U.S. state energy financial incentives for CCS. https：//www.c2es.org/document/energy-financial-incentives-for-ccs/.

❻ Hester T，George E. 2019. The top five legal barriers to carbon capture and sequestration in texas. https：//www.forbes.com/sites/uhenergy/2019/11/19/the-top-five-legal-barriers-to-carbon-capture-and-sequestration-in-texas/#6de881567508.

受益于完善的政策支持体系，美国多个大型一体化CCUS项目正在筹备中，如计划于2023年开始运行的Wabash Valley项目，拟从制氢工厂每年捕集$150×10^4t$ CO_2并用于EOR；计划于2023年开始运行的Starwood Power项目，拟从天然气电厂每年至少捕集$150×10^4t$ CO_2并用于EOR；计划于2024年开始运行的Elk Hills Power项目，拟从天然气电厂每年至少捕集$100×10^4t$ CO_2并用于EOR。美国CCUS项目的蓬勃发展验证了成熟的CCUS供应链可以通过将二氧化碳作为原料出售，或通过多种激励政策支持二氧化碳永久封存的方法，实现CCUS的商业化发展。而且美国CCUS项目的商业模式仍在不断升级，据OGCI预测[1]，通过多种方式从各类排放源中捕集到的二氧化碳，经过压缩和纯化后可以选择两种不同的路径来提供收入：一是将二氧化碳出售给油气企业用于EOR，该方式一方面可以获得政府35美元/t CO_2的补贴，另一方面如果EOR地点距二氧化碳捕集地点较近，二氧化碳销售价格可以达到15美元/t；二是直接进行二氧化碳地质封存，可以获得政府50美元/t CO_2的补贴。

2. 加拿大 CCUS 政策经验

加拿大是化石能源生产大国，有超过一半的能源产出用于出口。加拿大的自然资源部门认为CCUS能够满足加拿大40%的长期减排需要，能够从加拿大的油气行业、电力行业和其他工业排放源实现减排。由于加拿大的油气煤探明储量和产量都居世界前列，加拿大政府认为推动CCUS有利于提高国家化石能源行业的竞争力。在加拿大的政策和法律框架下，CCUS的政策和监管条例主要由省政府来实施。加拿大西部地区结合了专业技术能力、地质封存条件和适宜的法律、监管和政策环境，有利于CCUS项目的实施。加拿大目前在运行的项目包括Weyburn封存项目，萨斯喀彻温省（简称萨省）边界大坝燃煤电厂CCUS项目和Quest油砂炼厂CCUS项目。

Weyburn项目于2000年开始注入二氧化碳，成为全球首个开展二氧化碳核查、监测和验证（MRV）的提高石油采收率（EOR）项目。其二氧化碳气体来源为美国的Dakota合成气工厂，通过205mile（约329.8km）的管道运输到Weyburn油田。从2014年起，该项目还接收来自边界大坝发电厂捕集的二氧化碳。截至2017年，项目累计封存$3000×10^4t$二氧化碳，预计永久封存$4400×10^4t$二氧化碳和额外产出$2×10^8bbl$油[2]。美国能源部和加拿大自然资源部围绕Weyburn油田的封存开展了大量研究，Weyburn油田EOR项目为北美二氧化碳封存的产业化提供了坚实的科学和工程基础。

加拿大在省和国家财政资金、排放标准要求和省一级碳市场等多项政策支持下，在

---

[1] OGCI. Annual report 2019. https：//oilandgasclimateinitiative.com/annual-report/.
[2] PCO2R. 2017. Weyburn-Midale CO_2 project：assessing CO_2 behavior in an ongoing commercial CO_2 EOR project. https：//undeerc.org/pcor/CO2 SequestrationProjects/Weyburn.aspx.

2010—2020年开展了三项大型CCUS示范工程：（1）全球首个燃煤电厂CCUS项目——萨省边界大坝项目在2014年启动运行，将捕集的二氧化碳用于提高石油采收率和地质封存；（2）艾伯塔省Quest项目在2015年启动运行，从油砂炼厂捕集二氧化碳，并通过地质封存实现减排，该项目成本控制卓越，实现比预算低30%的资本开支，预计将为项目投资者带来可观收益；（3）艾伯塔省碳干线（ACTL）自 2009 年以来一直在建设中，政府为该项目提供了 4.95 亿美元的资金，以帮助解决排放问题并从枯竭的油井中获得更多的石油收入。这条耗资 12 亿美元的管道于 2020 年 6 月 2 日全面投入运营，已从西北红水鲟鱼精炼厂和 Nutrien 肥料设施捕获了超过 $100×10^4t$ 的二氧化碳。

加拿大政府对每个项目都给予显著的财政支持，同时通过艾伯塔省碳市场支持二氧化碳封存项目，如对Quest地质封存项目给予1t二氧化碳减排量或2t减排额（Emission Performance Credit）的奖励[1]。加拿大在CCUS的成功经验还包括其相对完善的二氧化碳封存监管环境，包括明确国家和地方政府的责任，建立地方政府的封存监管框架指引，如当项目关闭十年[2]后，若没有显著的泄漏风险，封存运营企业将二氧化碳封存带来的责任移给政府[3]。

3. 挪威 CCUS 政策经验

尽管挪威电力行业主要使用可再生能源，但挪威是石油天然气生产大国，发展CCUS既符合挪威气候政策，也为挪威的化石能源行业转型升级带来机遇。挪威是全球最早征收二氧化碳税的国家之一。早在1991年，挪威对海上石油开采伴生的二氧化碳排放征收碳税，这项税收政策直接促成了Sleipner CCS项目在1996年开始投入运行，成为全球首个在深咸水储层中进行专门地质封存的CCUS技术商业化大型示范项目。在2008年，挪威政府要求将开展CCUS作为经营Snøhvit LNG项目生产许可的一个重要条件。2008年4月开始在Snøhvit气田开发区注入二氧化碳，迄今为止，Sleipner和Snøhvit已累计储存超过$2000×10^4t$的二氧化碳。欧洲目前只有挪威的两个大型CCUS项目在运营中，每年捕集$170×10^4t$二氧化碳。

挪威同时建成了世界最大的碳捕集技术测试平台——Technology Centre Mongstad（TCM），通过政府出资支持的Climit项目支持大量CCUS技术研发课题。同时，挪威也是

---

❶ Hone D. 2012. A CCS project for Canada. https：//blogs.shell.com/2012/09/11/quest/.

❷ 没有明确定义，阿尔伯塔政府的监管框架评估报告建议至少十年.

❸ Alberta Government. 2013. Carbon capture & storage：summary report of the regulatory framework assessment. https：//open.alberta.ca/dataset/5483a064-1ec8-466e-a330-19d2253e5807/resource/ecab392b-4757-4351-a157-9d5aebedecd0/download/6259895-2013-carbon-capture-storage-summary-report.pdf.

欧洲首个投入建设二氧化碳运输和封存枢纽基础设施的国家，承诺给予"北极光项目"21亿欧元的公共资金支持，将会通过船运接收垃圾水泥厂、垃圾发电厂的二氧化碳（捕集端为"挪威长船项目"❶），未来项目将会开放给欧洲排放源使用。挪威同时设立了国有CCUS公司Gassnova来建设和运营CCUS项目，同时引入企业与Gassnova 联合投资CCUS项目，如引入道达尔能源、壳牌和艾奎诺公司与Gassnova联合投资和运营TCM项目。

4. 英国 CCUS 经验

随着20世纪70年代英国北海油气田的发现，英国成为全球主要石油和天然气生产国家。尽管英国还没有正在运行的大型一体化CCUS项目，但英国政府把CCUS战略列为低碳经济的重要组成部分（案例3-4）。欧洲的10个正在开发的CCUS项目中，6个位于英国，包括2个电力碳捕集项目和4个工业排放源碳捕集项目❷。所有项目都以集群考虑，为将来共享二氧化碳运输和封存基础设施建立基础，如位于英格兰东北部的Teeside项目集群。英国政府在2019年承诺给予8亿英镑用于支持两个大型一体化示范项目，形成产业集群。

案例 3-4　**英国气候变化委员会（Climate Change Committee）认可 CCUS 在实现英国近零排放目标中的重要角色**

2019年6月，英国成为世界上以立法的方式要求到2050年实现净零碳排放的首个经济体。在立法前，英国政府特意委托英国气候变化委员会（Climate Change Committee，CCC）评估如何实现净零排放。CCC 报告认为CCUS是至关重要的低碳技术，在实现80%减排需要电力和低成本高浓度工业排放源开展CCUS。而要实现96%减排（近零排放）或100%的减排（净零排放），需要采用生物质结合CCS、氢能结合CCS、大规模使用空气碳捕集以及提高碳捕集率等举措（图3-7）。

英国是最早建立CCUS法律框架的国家之一，确立了以《能源法》为统领，以《二氧化碳封存执照封条例》为主要内容，配以具体操作指南的CCUS法律监管体系❸。由于该法律和条例的制定是在欧盟有关法令框架下，英国脱欧过渡期之后还需要进行相应的调整。尽管英国在2015年取消了对CCUS示范项目的10亿英镑财政支持❹，严重拖慢了英国

❶ Gassnova. 2020. CCS Norway.

❷ GCCSI. 2019. Global status of CCS 2019：targeting climate change.

❸ UK GOV. 2020. Regulating CCS. https：//www.hse.gov.uk/carboncapture/regulating-ccs.htm.

❹ Carrington D. 2015. UK cancels pioneering £1bn carbon capture and storage competition. Guardian. https：//www.theguardian.com/environment/2015/nov/25/uk-cancels-pioneering-1bn-carbon-capture-and-storage-competition.

实施CCUS的进度，但随着英国明确制定净零排放的目标，CCUS的重要性被重新认识。英国政府在2018年发表的《英国CCS推广路径：行动方案》❶以及在2020年发表的《CCS商业模式》，为未来英国高效执行CCUS支持政策提供了决策基础。

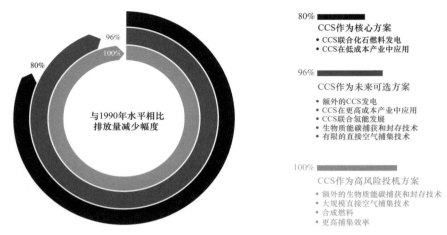

96%

100%

80%

与1990年水平相比
排放量减少幅度

80%
CCS作为核心方案
• CCS联合化石燃料发电
• CCS在低成本产业中应用

96%
CCS作为未来可选方案
• 额外的CCS发电
• CCS在更高成本产业中应用
• CCS联合氢能发展
• 生物质能碳捕获和封存技术
• 有限的直接空气捕集技术

100%
CCS作为高风险投机方案
• 额外的生物质能碳捕获和封存技术
• 大规模直接空气捕集技术
• 合成燃料
• 更高捕集效率

图 3-7　CCUS 在英国实现净零排放中发挥的作用

5. 澳大利亚 CCUS 经验

澳大利亚是化石能源生产和消费大国，是全球第二大动力煤出口国和第一大冶金煤出口国，也是全球最大的液化天然气（LNG）出口国。澳大利亚长期以来高度重视CCUS技术的发展和应用，在2008年设立全球碳捕集与封存研究院积极推广CCUS技术。澳大利亚政府通过研发项目支持CCUS技术发展和尝试。

澳大利亚Gorgon天然气田CCS项目在2019年启动运行，该项目由雪佛龙牵头，预计每年将捕集$340×10^4$～$400×10^4$t $CO_2$❷，并通过7000m管道运输到附近的咸水层盆地封存。澳大利亚政府为该项目提供了6000万澳元的资金支持，该项目总计需要2亿澳元的投入。澳大利亚政府把开展CCUS作为Gorgon项目的前置审批条件，促成了该CCUS项目的投资决定。

与此同时，澳大利亚其他CCUS项目的开展并没有停滞。2020年初，BP与Santos公

❶　HM Government. 2018. Clean growth：the UK carbon capture usage and storage deployment pathway. https：//assets.publishing.service.gov.uk/government/uploads/system/uploads/attachment_data/file/759637/beis-ccus-action-plan.pdf.

❷　GCCSI. 2019. World's 19th large-scale CCS project begins operation in Australia. https：//www.globalccsinstitute.com/news-media/latest-news/worlds-19th-large-scale-ccs-project-begins-operation-in-australia/.

司就南澳大利亚的Moomba CCUS项目签署了合作协议❶。该项目计划每年在Moomba天然气处理厂捕获从天然气中分离出来的170×10^4t CO_2，并将其重新注入同样的地质构造中，这些地质构造已经安全、永久地保存了数千万年的天然气。BP将为该项目提供2000万澳元的支持，该项目还为BP全球业务部门创造了CCUS相关知识的共享机会。

6. 日本 CCUS 政策经验

日本计划在2050年实现比1990年水平高80%的碳减排❷，并计划于2050年实现净零排放。由于缺乏有利于长期稳定封存的地质构造，日本国内CCUS示范项目的规模不如挪威和加拿大等国家，但日本的CCUS国际策略和部署在世界领先，同时也积极在国内推动小型全流程示范项目。日本企业参与的合作项目包括美国的Petra Nova项目、加拿大的国际CCS知识共享中心、澳大利亚的氢能供应链项目，以及在印度尼西亚和沙特阿拉伯开展的CCUS可行性研究。

日本通过实施"碳循环利用"计划，期望实现二氧化碳的资源化利用❸。2019年6月，日本经济产业省公布了为实现再利用工厂和发电厂排放二氧化碳的"碳循环利用"实用化的进度表，提出从2030年前后起普及二氧化碳培育的藻类制作的喷气式飞机燃料和使用来自二氧化碳的碳酸盐的公路用砌块，将二氧化碳定位为资源，期望以此带动减排。另外，在日本环境部和经济贸易工业部的领导下，日本政府通过支持对潜在二氧化碳封存场地的调查、项目可行性研究、长期责任管理，相关法律和监管框架的评估，分析CCUS对环境、经济和社会的长期影响，寻找CCUS的发展机会。

日本参与的最瞩目的项目是位于美国的Petra Nova电力碳捕集示范项目，是全球目前在运行的最大的电力行业CCUS项目，每年捕集约160×10^4t $CO_2$❹。该项目使用日本三菱重工（MHI）的胺法燃烧后捕集工艺，同时取得了日本国家石油和天然气公司（JXN）约3亿美元的50%股权投资，以及得到日本进出口银行的股权担保来降低项目投资风险。JXN同时把之前英国北海、中东和越南提高石油采收率项目的经验贡献给Petro Nova项目。

---

❶　BP. 2020. Carbon capture and storage. https：//www.bp.com/en_au/australia/home/who-we-are/sus-tainability/low-carbon-projects/carbon-capture-and-storage.html.

❷　Japanese Government. 2015. Submission of Japan's intended nationally determined contribution（INDC）.https：//www4.unfccc.int/sites/ndcstaging/PublishedDocuments/Japan%20First/20150717_Japan%27s%20INDC.pdf.

❸　Japan CCS. CCUS in Japan present and future. www.japanccs.com.

❹　Jenkins J. 2015. Financing mega-scale energy projects：a case study of the petro nova carbon cap-ture project. Paulson Institute and China Center for International Economics Exchanges. www.paulsoninsti-tute.org/wp-content/uploads/2015/10/CS-Petra-Nova-EN.pdf.

日本是全世界第一个设立了国家CCS商业公司来开发CCUS示范项目的国家。2008年5月，日本的37家企业设立了一个合资公司❶——日本CCS公司（简称JCCS），来进行日本CCS项目的开发❷。日本CCS公司成功开发了日本国内首个一体化CCS项目，位于北海道的苫小牧市，截至2019年11月，完成了30×10^4t的二氧化碳注入目标，未来计划探索试验二氧化碳利用技术。日本的CCS合资公司模式，有利于政府公共资源实现的创新效益在全行业共享，避免重复建设。

一些国家的CCUS试点示范项目正有望向大规模方向发展。美国、英国、澳大利亚、加拿大、中国、巴西、法国、德国、日本、荷兰、挪威、沙特阿拉伯、南非、西班牙、阿联酋等国家正在部署二氧化碳捕集、利用、运输和封存各阶段的技术研发和应用示范，发展势头良好，积累了丰富的实践经验❸。然而，虽然多国认识到CCUS技术在实现能源和气候目标方面的重要性，但对CCUS的支持与对其他清洁能源方面的投资相比，总体仍然处于远远落后的位置。与其他低碳技术一样，CCUS必须得到公平的考虑、认可和支持。强有力和持续的政策支持同样可以推动CCUS的部署和更广泛的商业化❹。

另外，目前支持CCUS的公共政策往往缺乏创新，Form-45Q的专项碳价格支持效果显著，但也存在可能过度支持一些低成本的CCUS项目（如天然气分离二氧化碳结合EOR）的问题，从而造成公共财政资源浪费。如图3-8所示，假设运输和封存由政府承担成本和责任，仅对碳捕集统一给予30美元/t CO_2的补贴，会使得部分低成本的捕集项目（如天然气分离二氧化碳和煤化工分离二氧化碳）得到过度补贴。相对而言，英国的可再生能源曾使用的合同差价（CfDs）和中国按风力资源分区并采用竞标机制，或更有利于优化公共资源的使用，鼓励商业竞争和成本下降，但这些更市场化的政策手段尚未应用于支持CCUS示范项目。

---

❶ JCCS 公司的股东由多家公司组成，2016 年 4 月前共有 35 家公司参与入股。包括以下企业：北海道电力股份公司、东北电力股份公司、东京电力持续股份公司、中部电力股份有限公司、北陆电力股份公司、关西电力股份公司、中国电力股份公司、四国电力股份公司、九州电力股份公司、冲绳电力股份公司、电源开发股份公司、JFE 工程股份公司、新日铁工程股份公司、千代田化工建设股份公司、东洋工程股份公司、日晖股份公司、国际石油开发帝石股份公司、石油资源开发股份公司、三井石油开发股份公司、出光兴产股份公司、COSMO 石油股份公司、JX 能源股份公司、昭和石油股份公司、伊藤忠商事股份公司、住友商事股份公司、丸红股份公司、三菱商事股份公司、JFE 钢铁股份公司、新日铁住金股份公司、大阪瓦斯股份公司、东京瓦斯股份公司、三菱瓦斯化学股份公司、三菱材料股份公司、伊藤忠丸红钢铁股份公司、NKK 钢管股份公司 .

❷ Wu S. 2017. Setting up a national joint-venture to commercialise low-carbon technologies: the experiences of Japanese CCS company.UK-China（Guangdong）CCUS Centre.

❸ 亚洲开发银行 . 2020. 中国 CCUS 商业化战略培训教材 .

❹ GCCSI. 2017. Global status of CCS 2017. https：//www.globalccsinstitute.com/resources/global-status-report/.

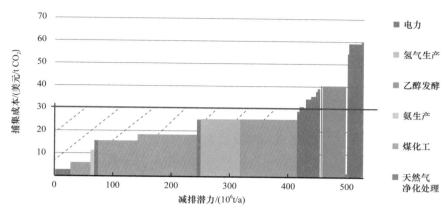

图 3-8 使用 30 美元 /t CO_2 的固定价格捕集补贴可能造成的公共资源浪费示意图

紫色区域为可能造成浪费的部分，捕集成本来源：IEA[1]

表 3-5 中国可再生能源早期部署阶段的上网电价水平及等同碳价格水平预测

技术类型	政策年份	当年火电标杆电价水平	上网电价水平	等同碳价格水平
陆上风电	2006	0.334 元 / (kW·h)	标杆电价 + 0.25 元 / (kW·h)	256.7 元 /t CO_2 （约 37.91 美元 /t CO_2）
太阳能光伏	2011	0.366 元 / (kW·h)	1.15 元 / (kW·h)	804.9 元 /t CO_2 （约 119 美元 /t CO_2）
海上风电	2014	0.325 元 / (kW·h)	0.85 元 / (kW·h)	539.0 元 /t CO_2 （约 796 美元 /t CO_2）

假设条件：按 2010—2012 年全国电网电量边际排放因子平均值假设为 0.974t CO_2/ (MW·h)，同时简化假设三种技术电量边际排放因子为 0，美元汇率按照 2010 年平均水平 1 美元 =6.77 元人民币计算。

中国可再生能源（如陆上风电和太阳能光伏）在过去10年迅速发展，部分风或光资源丰富的区域，发电成本已经逐渐与标杆燃煤发电平价（表3-5）。可再生能源的发展得益于国家制定了专门的可再生能源发展目标，如2007年国家发改委公布的《可再生能源中长期发展规划》，以及从"十一五"开始，每个五年计划都有可再生能源专门的五年发展规划。可再生能源能够蓬勃发展的另一个重要因素，是国家通过财税政策给予大力支持，特别是在可再生能源发展的早期阶段。2007年1月，国家发改委颁布《可再生能源电价附加收入调配暂行办法》，明确提出可再生能源的电价补贴支出将从火电的电力附加费中提取，每千瓦时征收0.001元，并在2009年提升至0.004元。

2006年，国家发改委电监会制定《可再生能源发电价格和费用分摊管理试行办法》，各地在该办法指导下制定上网电价，约为脱硫燃煤电厂电价添加不超过0.25元/（kW·h）的水平[2]。2009年，由财政部、科技部和国家能源局发布的《关于实施金太阳示范

❶ IEA. 2019. Transforming industry through CCUS.
❷ 胡军峰，南珂. 2016. 中国上网电价机制改革研究.

工程的通知》及财政部《关于印发太阳能光电建筑应用财政补助资金管理暂行办法的通知》明确提出，为太阳能光伏示范项目的建设成本提供财税资金支持，上限为20000元/（kW·h）。国家发改委在2011年颁布光伏固定电价政策[1]，上网电价统一为1.15元/（kW·h）。2014年，国家发改委发布《关于海上风电上网电价政策的通知》，确定2017年以前投运的近海海上风电上网电价为0.85元/（kW·h）。

中国目前还没有制定对CCUS支持的财税政策，因此无法比较可再生能源和CCUS的财税支持力度（表3-4），但根据初步估算，对陆上风电、太阳能光伏和海上风电早期部署阶段的上网电价支持水平等同于256.67元/t CO_2、804.93元/t CO_2和539.01元/t CO_2。由此可见，中国对各项可再生能源财税政策支持的力度远远大于美国Form-45Q对CCUS政策的支持。其等同碳价格水平远高于美国Form-45Q政策2008年首次出台的对CCUS的支持（对EOR封存项目提供10美元/t CO_2的支持，对地质封存项目给予20美元/t CO_2的支持），总体上也高于2018年提高CCUS支持力度的碳价格水平（分别为35美元/t CO_2和50美元/t CO_2的封存支持）。

二、政策选项的效果分析

在制定CCUS部署目标后，政策制定者可以考虑不同的选项来支持CCUS项目的部署。如上文所述，政策选项应该尽量准确地满足各阶段发展的资金需求，如选址和概念、可行性研究、审批和详细设计、投资、建设与运营以及运营后关闭这些阶段。对于大型能源公司或工业企业，有足够的资金和人力资源投入开展概念研究、可行性设计和详细设计（图3-9）。但规模较小的企业或CCUS专门开发公司，往往难以提供数百万甚至数千万的前期开发费用。因此，为了CCUS市场更好地发展，需要考虑通过专项基金或赠款方式为CCUS项目的早期阶段提供支持。

图 3-9　支持 CCUS 项目各阶段的潜在政策工具

---

❶ 李俊峰，等．2013.中国光伏分类上网电价政策研究报告．

CCUS项目发展的最重要的环节是如何支撑CCUS的投资决定，稳定和充足的CCUS激励政策将支持企业主动投入资金开展概念研究和可行性研究工作。有完善支撑CCUS资本投资和运行的激励政策框架，将鼓励商业部门投入开发早期项目。在不具备完善的激励政策框架前，政策制定者宜考虑直接补贴项目早期开发，在全国范围内进行CCUS项目储备。

对于激励CCUS传统模式，政府财政部门可以计算CCUS涉及的额外成本净现值（Additional NPV），通过一次性财政补贴为企业开展CCUS提供激励。这种情况下，政府的短期财政压力会增加，同时需要面对项目建设过程出现技术风险而导致公共资金无法有效利用的风险。同时由于CCUS有关运营成本的补贴需求随着碳价格和燃料价格的变化而浮动，固定和提前一次性补贴有补贴不足或过度补贴的风险。这种方式仅适合在财政储备较充足的国家和地区使用，而且具有一定局限性。因此，有必要创新各种政策选项并预测其实施效果。

1. 成本加允许利润模式

成本加允许利润模式允许CCUS投资者通过实施CCUS直接获得全部合理运营成本补偿，CCUS资本投资将以约定收益偿还。在前几年，回报形式可能是项目投资者收回大部分的CCUS投资者资本支出，但项目投资者只有在整个合同期内继续运营，才能获得更高的资本回报。这一机制是在缺乏强有力和稳定的碳定价情况下运行的，没有明确的途径可以逐步减少政府参与，形成可持续的激励模式。直接补偿合同（如成本加成）常用于性能、质量或简单交付比成本更重要的情况。在此情况下，公共部门与CCUS开发单位签署的合同（碳价格）水平必须很高才能承担这种不确定性。

成本加成合同的一个例子是中国香港的电力市场，香港特区政府为两家电力企业设置了一定允许利润率，并提交环保局进行质量和性能监管。这种机制比较简单，但政府承担了大部分的风险和成本，容易导致企业虚增固定资产来提高回报水平。这一机制可能无法高效地降低成本。为了提高效率，可制定灵活的合同，根据预测和实际成本相结合的方式进行支付，如果能够降低成本（通过经验教训分享机制或成本加激励费），对CCUS投资者的回报会更高。

2. 差价合约（CfD）机制

在差价合约（Contract for Differences，CfD）机制下，发电商像往常一样通过电力市场出售电力，然后从政府或其他公共机构获得电力或其他商品售价与执行价格之间的差别支付[1]。对于电力行业CfD合同，当电力市场价格高于执行价时，发电企业需要支付政府电力售价与执行价之间的差额。通过在收益方面给予投资者更大的确定性，差价合约能

---

❶ 英国驻华使馆 . 2014. 英国电力市场改革——差价合同与电价 .

够降低CCUS项目的融资成本以及政策成本。

CfD的执行价格一旦设定，在整个合同期限内（可能10～20年）不会改变。CfD还可以通过与碳市场结合实施，CCUS投资者以市场价格出售CCUS减排带来的二氧化碳排放量证书（如欧盟碳市场的配额或同等证书），将获得由政府支持实体支付的CfD执行价格与市场二氧化碳证书现价间的差价。如果市场二氧化碳证书价格超过执行价格，CCUS投资者有义务退还差价。随着碳排放权配额价格的上涨，补贴水平可能会逐渐减少。这种机制能够防止"碳泄漏"（受高碳价格影响，碳排放通过产业转移从一个地区转移到另一个地区），并减轻消费者的潜在负担。在CCUS的早期推广阶段，开发和建设风险主要由私营部门承担。如果条件允许，将执行碳价格与燃料价格挂钩的指数更有利于降低CCUS投资的市场风险。

早期CCUS示范项目可能需要进行双边谈判来取得CfD合同价格，这需要建设一个有效和公正的过程来选择成本最低的战略CCUS项目，同时考虑各行业CCUS示范和部署的需求。随着市场成熟，一旦有足够的成本确定性且风险降低到一定水平时，就可以对CfD的执行价格进行竞价。或者每年为每个子部门设定一个执行价格，但这可能会导致执行价格高于必要水平（与国家援助规则相冲突），或无法激励大多数CCUS投资者（鉴于CCUS投资者来源的多样性），因此不是首选方案。如果捕集成本高于预期，竞争力可能会受到影响。同样，如果捕集成本较低，竞争力可能会提高。CfD执行价格在CCUS行业间以及在CCUS行业内可能有所不同，尤其是更复杂和分散的二氧化碳源的不同项。总体来说，随着市场成熟、技术进步和风险降低，执行价格有望逐步降低，从而促进CCUS成本下降。

3. 受监管资产模式

监管机构（如天然气和电力市场办公室）监管产品价格，以收回CCUS资产价值和成本，同时保护消费者免受过度收费。因此，在产品有一定需求的情况下，资本权益风险较低。该模型被认为仅适用于垄断性的市场。其他工业子部门在国内和国际上都面临竞争，因此不能以同等方式将成本转嫁给消费者。这种模式适用于促进和监管二氧化碳管网等具有规模效益的CCUS项目。

4. 税收抵免或返还

税收抵免或返还是指通过降低一家公司的纳税义务，补偿CCUS投资者部分或全部CCUS成本。由于许多工业企业的纳税额低于CCUS项目的年度成本，税收抵免需要是可交易或可转移的，从而使得纳税不足的企业转移减免效益来实现其CCUS项目的全部价值。为了给行业提供强有力的激励，税收抵免必须具有足够的深度、持续时间和确定性以确保能够覆盖全生命周期实施CCUS的成本。为降低公共部门和CCUS投资者双方的市场风险，税收抵免水平也可能会随着二氧化碳价格和能源价格而变化。

在奖励机制方面，税收抵免（元/t CO$_2$）可以是整个行业的固定价值，也可以是价值随二氧化碳排放源纯度等因素变化的子行业特定值，或可以根据每个地点进行协商，或者在大规模部署阶段通过竞价发放。固定的税收抵免很简单，能够促进低成本项目筛选，但可能会过度补偿一些CCUS投资者而无法激励其他CCUS投资者（图3-9）。税收抵免可用于聚焦CCUS的发展，例如在特定地点，如果税收抵免在战略集群地点的力度更强，则能够建立一个高效的产业链，如美国实施的Form-45Q政策。

5. 与二氧化碳排放强度挂钩的产品碳税

通过以产品基准碳强度［t/t（二氧化碳/产品）］为参考指标开征碳税能够直接激励低碳产品的开发。在碳市场和碳税共存的情况下，税收水平可以是与碳排放权价格挂钩的指数，因此当碳排放权价格较高时，碳税则降低，但这种做法会让激励政策变得复杂。碳税还可以与碳关税结合，从而实现为国内和进口商品提供一个公平的竞争环境。如果无法实施碳关税，可以考虑通过出口退税保持产品价格的竞争力。碳税也可用于化石燃料，通过化石燃料征税收入重新分配给CCUS，从而提升CCUS项目的投资可行性。由于碳税提高了工业产品的价格，因此必须评估消费者对这些税收机制的接受程度，并解决弱势消费者的支付能力问题。挪威从20世纪90年代起开始对油气生产行业开征的碳税，有效促进了该国大型CCUS项目示范。

6. 可交易 CCUS 证书

CCUS证书根据各行业通过CCUS实现的减排量进行发放。CCUS证书需要配合法律规定，CCUS投资者有义务确保捕集和封存一定量的二氧化碳，并随时间推移，有义务提供长期的减排轨迹，从而为融资单位提供确定性。取决于政策设计方式，CCUS证书可用于履约或自由交易。因此对于实施CCUS成本较高的排放企业，可以选择购买更便宜的证书来履约。CCUS证书价格由市场需求决定，所以具有价格不确定性。但政府可以提供买断价格（Buyout Price），为证书价值设定一个底价；反之，不履行义务的惩罚可成为价格上限。价格下限和上限可与二氧化碳价格挂钩，当二氧化碳价格较低时，下限价格会更高，从而为CCUS投资者提供更多的经济补偿确定性。创建证书市场和义务相对复杂，需要额外的法律要求。这种市场机制在CCUS的推广阶段能很好地发挥作用，因为这一阶段有一定程度的流动性，但由于证书价格具有高度不确定性且可能无法提供投资激励，在CCUS大规模部署阶段会带来投资收入不确定性。

7. 可交易的终端产品碳信用额度结合碳排放标准（EPS）

根据工业部门产品碳排放强度基准［t/t（二氧化碳/产品）］，碳信用额度根据产品的碳强度发放。工业产品销售商或持有一定的信用额度，以满足随着时间推移越来越严格的排放性能标准（EPS）。额外的信用额度可用于履行债务或自由交易，因此具有较高脱碳成本的企业可以从市场购买碳信用额度。政府可以提供买断价格，为信用价值设定一个底价；反之，不履行义务的惩罚可成为价格上限。价格下限和上限可与二氧化碳价格挂钩，当二氧化碳价格较低时，下限价格会更高，从而为CCUS投资者提供更多的经济补偿确定性。碳信用额度需要额外的财政支持来解决碳泄漏风险。

EPS可用于水泥或钢铁等工业产品，或建筑、车辆等终端用途。与产品二氧化碳税一样，二氧化碳信用额度能够直接激励低碳产品。产品碳强度基准被用于评估每种产品的信用水平；这些基准可以基于最佳可用技术（BAT）或产品"平均值"，并可能逐步降低。由于工业产品数量众多，定义补贴产品的排放基准（Benchmark）和相关EPS轨迹将是一项烦琐的工作，初期可能仅限于相关排放量最大的产品。可交易机制将会逐渐减弱政府参与，使得市场最终过渡到无补贴状态。这有利于逐渐减轻财政和行政负担。

8. 低碳产品市场

脱碳产业的一个长期解决方案是利用市场机制为低碳产品创造市场需求。这将实现价格溢价，从而将成本转嫁给消费者。市场发展激励方式主要有三种：

（1）为低碳产品建立标准化认证；

（2）低碳产品公共采购；

（3）终端产品监管。

在可能溢价的情况下，这些措施旨在建立对低碳商品的需求保证。然而，目前市场还没有对低碳产品给予充分的价格溢价。因此，配备CCUS的公司在没有财政支持（如政府对出口产品的资助或对暴露行业的税收抵免）的情况下，在国外的竞争力可能会降低。在早期CCUS示范阶段，该模型不太可能单独为鼓励对CCUS的投资提供所需的确定性。但是一旦市场上有足够的低碳产品需求，这一机制则可以成为其他机制的补充。低碳产品市场机制可以借鉴其他相关产品的激励模式，可与公共部门合作，设立类似于CfD的价格溢价担保，或政府为最终用途（如使用低碳材料的建筑）提供税收抵免。目前已经有企业先行试生产低碳产品，如世界第二大钢铁企业安赛特米塔尔在2020年宣布将从2021年开始生产低碳足迹的"绿色钢铁"[1]。

各项CCUS项目政策支持机制有不同的优势和局限性（表3-6），需要根据中国实际情况进一步比较政策选项的可行性。创新的政策选项可以与传统财政补贴、碳市场和排放

[1] Arcelor Mittal. 2020. Hydrogen technologies at the heart of drive to lead the decarbonisation of the steel industry and deliver carbon-neutral steel. https：//corporate.arcelormittal.com/media/news-articles/arcelor-mittal-europe-to-produce-green-steel-starting-in-2020.

标准等方式结合，共同支持CCUS项目的实施。

三、中国启动 CCUS 产业的政策建议

如上文所述，按照亚洲开发银行CCS路线图在中国推动CCUS，预计在未来23年将累计需要2134亿元的财政补贴，补贴以赠款形式支持❶。CCUS产生的气候效益、经济效益和社会效益将远远超过所需公共资金补贴的需求。按照8%贴现率测算，预计未来累计的公共资金补贴需求额的净现值相当于2020年的712亿元。由此可见，CCUS未来30年发展累计资金需求，低于可再生能源"十三五"期间的平均年度补贴金额。

有多种方式可以解决CCUS的公共资金需求，其中最直接的方式是给予财政补贴。然而由于信息不对称等原因，政策制定部门很难准确把握各行业和各项目的实际资金需求。如前文所述，最理想的方式是预留一定金额的财政资金或设定通过各行业应用CCUS的减排目标，通过招标的方式，征集CCUS项目。除了国家财政部门，还可以与地方财政部门争取发展CCUS项目的公共资金，特别是CCUS产业发展前景良好的省市或更有积极性为CCUS提供财政支持的地区。国家如果有明确的CCUS部署规划，能够通过设立CCUS基金促进CCUS产业的发展。

中国已经在8个地区开展碳市场试点，2017年启动全国碳排放交易体系（发电行业）的建设，并在2020年7月启动全国碳市场交易。全国碳市场以电力行业为起点，未来将覆盖更多的行业。除了全国的配额市场稳步推进，中国核证减排量（CCER）市场也即将重新启动。如前文所述，碳市场（或其他碳定价体系）是支持CCUS商业化的主要力量，因此有必要探索通过全国碳市场支持早期中国开展CCUS示范项目的选项。通过全国碳市场支持CCUS项目有三种方式：第一种是允许控排企业的CCUS项目产生的减排量被列为"没有排放"栏目，控排企业通过出售CCUS减排而节省的配额来支持CCUS投资和运营。第二种是把CCUS项目开发为抵消机制的中国核证减排量项目，控排企业通过购买CCER用于履约，实现对CCUS项目的财务支持。

然而，无论是第一种还是第二种方式，配额和CCER在全国碳市场的早期阶段很难有足够高的价格来独自支持CCUS项目融资。因此，可以借鉴可再生能源过去15年的发展模式和美国Form-45Q的CCUS税务减免法律，结合碳市场以外的其他机制（如电价补贴和其他财税补贴）来支持早期CCUS项目，直至通过广泛部署，实现成本大幅度下降。本书也创新地建议借鉴加拿大艾伯塔碳减排证书和英国可再生能源证书模式，使用不同的系数来为CCUS减排项目授予CCER，如给予天然气结合提高石油采收率的CCUS项目每吨减排量2t的CCER，成本较高的燃煤电厂结合陆上地质封存的项目提供每吨减排量10t的

---

❶　本研究的前提是 CCUS 减排量，能够通过中国的碳定价体系（如碳市场）体现减排价值．

CCER。

第三种通过碳市场促进CCUS的政策选项较有吸引力，即使用拍卖配额的收入奖励大型CCUS示范项目，或直接按照合适的系数授予示范项目奖励配额。这种模式可以借鉴欧盟碳市场的经验。欧盟曾经在碳市场的第二阶段预留了3×10^8t的配额，其拍卖收入用于支持可再生能源和CCUS的技术创新，而在欧盟碳市场的第三阶段则预留了4×10^8t配额用于支持创新的低碳技术，相等于100亿欧元的价值。然而，中国地方碳市场试点的经验显示财政部门很难允许配额拍卖收入直接用于气候友好技术和示范项目的投资。因此，本书建议采用创新的方式，减少拍卖量，直接把预留的配额奖励给CCUS示范项目。奖励系数可根据行业和各种封存模式的成本评估差异制定，如成本较低的天然气分离装置结合提高石油采收率产生的每吨减排量可以获得1t的奖励配额，而水泥厂开展CCUS使用离岸地质封存则获得12t的碳配额。

对于碳市场支持CCUS的第三种模式，由于获得配额的CCUS项目需要出售配额来支持项目投资和运行，配额奖励还将实现提高碳市场流动性的协同作用。如果采用强制奖励配额在碳市场出售的机制，能够使碳市场变得更活跃，有利于碳市场实现价格发现功能。如果中国碳市场未来5年能够每年预留1×10^8t配额给予CCUS项目，按照80元/t二氧化碳计算，每年将会有80亿元的资金用于促进CCUS项目开展，通过CCUS示范项目实现$2000\times10^4\sim4000\times10^4$t的减排量，基本满足中国早期CCUS示范项目所需要的资金需求。而对于全国碳市场，1×10^8t不到电力行业配额总量的5%。按照200个交易日估算，这种机制将为全国碳市场的二级市场带来平均每天至少4000万元的额外交易额，有助于解决碳市场流动性不足的风险。如果每年80亿元资金来源于碳市场支持CCUS，并且能够持续30年，将会基本满足支持CCUS的公共资金需求。

如第三章所述，CCUS还可以通过其他创新的工具予以支持。总体上看，差价合约机制、税收减免或返还结合低碳产品市场和碳市场为比较可行的政策选项。无论使用哪种创新政策激励机制，竞价机制的引入有利于CCUS成本的迅速下降，同时需要考虑与现有政策机制的结合。

英国在过去10年内对海上风电项目实施了差价合约机制，一方面，通过长期固定的执行价稳定了可再生能源投资者的收入预期；另一方面，通过执行价竞标机制，促进同类风资源区企业实施成本下降，促成风电发电成本由15便士/（kW·h）下降70%，至目前低于4.5便士/（kW·h）的水平。CCUS也可以用差价合约来降低碳价格波动的风险，但由于CCUS的燃料成本是浮动成本，或使用与燃料成本挂钩的浮动执行价更有利于降低CCUS项目面对的市场风险。差价合约结合竞价机制也将有利于通过市场力量降低CCUS的成本。

如果国家发展CCUS目标明确，可以要求各行业在出售电力、钢铁、水泥、成品油时购买CCUS证书。CCUS项目减排的每吨二氧化碳能够取得对应证书（也可以根据不同CCUS技术成本设立调节系数），政策制定部门还可以酌情奖励低浓度大型排放源CCUS证书，促进高成本CCUS项目的示范。然而，CCUS证书相当于把CCUS成本分摊到各有关行业，需要各行业监管部门的协同支持，执行难度较高。如中国曾试点的"绿证"交易，就未能有效实施来取代可再生能源的财政补贴。

尽管CCUS对公共部门资金需求远低于可再生能源，也低于电动车等产业，但实现公共部门对CCUS的资金支持需要高层决策者围绕CCUS价值达成一致。在没有CCUS专项支持政策前，有意愿支持CCUS的国家和地方政策制定者可以通过现有的政策手段支持早期CCUS项目示范，如放宽煤炭总量控制目标，在气候变化工作中，对地方CCUS工作进行考核并给予肯定，给予额外计划电量等措施。同时国务院国有资产监督管理委员会（简称国资委）和中国人民银行或对国有企业和金融机构提出中长期碳价格，引导企业从降低气候转型风险角度部署CCUS。长期而言，解决中国CCUS产业公共资金和政策需求的根本途径是取得高层决策者对CCUS价值的认可，以及制定有约束力的CCUS产业发展目标。

表 3-6　各种创新 CCUS 政策选项在中国实施的可行性比较

政策机制	优势	局限性	适用阶段	有关政府部门
成本加允许利润模式	（1）降低 CCUS 投资的收益率不确定性；（2）政策激励容易理解	（1）成本控制较困难；（2）难以激励成本下降；（3）早期 CCUS 示范项目风险较高，难以确定合适的利润率	二氧化碳封存和管网的大规模部署阶段	生态环境部、财政部、国家发改委、国家能源局
差价合约（CfD）机制	（1）为 CCUS 投资者提供稳定的价格信号；（2）可以结合竞价机制降成本；（3）可以通过与碳价格和能源价格结合来降低市场风险	（1）需要财政专项补贴；（2）每年的财政投入水平不确定；（3）差价合约结束后，CCUS 项目可能有提前关闭风险	（1）适用于早期示范；（2）大规模部署阶段需要与碳市场或碳税充分协调	生态环境部、财政部
受监管资产模式	（1）通过允许少量垄断收益弥补资本投资和运营成本；（2）更好地保障第三方接入和使用 CCUS 设施	（1）需要结合其他支持政策；（2）如涉及零售产品，需要消费者有价格承受能力，并补贴脆弱性消费者；（3）容易引发寻租	处于垄断地位的 CCUS 有关环节，如二氧化碳管网和氢气供应管网	生态环境部、国家能源局

续表

政策机制	优势	局限性	适用阶段	有关政府部门
税收抵免或返还	（1）以激励方式容易被市场接受； （2）给予CCUS投资者清晰的价格信号	（1）难以制定税收抵免水平； （2）或需要以封存量作为抵免依据，因为减排量计算较复杂； （3）如果不设限制，难以预测财政负担	适用于各阶段的CCUS项目	财政部
与二氧化碳排放强度挂钩的产品碳税	（1）为CCUS投资提供价格确定性； （2）鼓励和引导消费者和用户支付碳减排； （3）通过终端产品传递价格信号到各工业排放端	（1）需要协调与碳市场和其他低碳机制关系； （2）是否具备机制转嫁税收到国内外市场，否则加大企业负担； （3）税收能否用于低碳投资； （4）产品碳排放核算体系不健全	（1）不纳入碳市场的行业； （2）适用于各阶段的CCUS项目	生态环境部、财政部
可交易CCUS证书	（1）有利于定量实现CCUS发展目标； （2）可调节各行业CCUS项目取得证书"系数"来支持不同成本的CCUS项目	（1）需要明确CCUS部署目标； （2）需要建立一种新的市场化机制	适用于示范和早期部署阶段的CCUS项目（未来过渡至碳市场或碳税）	生态环境部、国家发改委、国家能源局、工业和信息化部
可交易的终端产品碳信用额度结合碳排放标准（EPS）	（1）降低实现碳排放监管标准的成本； （2）避免难以减排排放源被迫提早关闭	（1）需要与碳市场机制协调； （2）需要统一产品排放核算方法； （3）如涉及范围三排放，需要建立完善的数据体系	（1）适用于各阶段的CCUS项目； （2）运输和封存宜作为独立基础设施	生态环境部、国家发改委、国家能源局、工业和信息化部、商务部
低碳产品市场	（1）鼓励和引导消费者和用户支付碳减排； （2）通过终端产品传递价格信号到各工业排放端	（1）早期需要结合财政手段； （2）低碳产品的国际贸易需要多边协商达成一致（如低碳/零碳证书）； （3）需要有成熟的产品碳足迹核算体系	需要结合其他机制使用	生态环境部、商务部、工业和信息化部

第四节　CCUS 监管环境

一、监管 CCUS 的要素

由于CCUS技术的特殊性，其构成了独特的潜在环境风险，因此需要特定的监管和许可框架，确保以安全的方式设计、布置、实施和运营项目。健全的监管框架既可以确保适当降低风险，也可以确保公众对新技术的信心和信任。监管和许可框架被广泛认为是支持CCUS项目发展的重要且低成本的手段，因为它可以为管理符合监管准则的项目提供更大的确定性。监管和许可框架还有助于协调对CCUS项目各个方面具有管辖权的监管机构的工作，并确保批准的项目以安全和审慎的方式运作，从而提高公众对CCUS项目的接受度和支持率。

已开展CCUS部署工作的各国在构建CCUS法律框架初期都遇到过相同的问题，即CCUS的监管应当纳入现有的法律框架，还是应该制定新的专门的法律框架。对于中国的CCUS监管来讲，应当从两个方面考虑：一方面，在研究中国现有法律框架的基础上，评估CCUS各个环节是否可以通过扩充法律框架将其纳入；另一方面，针对CCUS技术某些环节的特殊性，在无法进行扩充的情况下，如何构建新的法律框架。

在二氧化碳捕集阶段，一般的捕集技术（燃烧前捕集、燃烧后捕集、富氧燃烧）均应用于现有的工业燃烧设备的基础之上，因此捕集工艺应当适用于中国现有的一些法律和标准，如《大气污染防治法》《火电厂大气污染物排放标准》等。然而，由于中国并未将二氧化碳定义为"污染物"，因此不能直接将污染防治法规直接套用于捕集环节，而应当对现有的一些法律法规适当扩充，以满足二氧化碳捕集环节的适用性。

在二氧化碳运输阶段，目前主要以槽车运输和管道运输为主。槽车运输在中国已经有严密的法律框架对其进行监管，如《中华人民共和国道路运输条例》《危险化学品安全管理条例》和《道路危险货物运输管理规定》等，在进行槽车运输时应按照相关条例规定的程序和时限，实施道路危险货物运输行政许可，并进行实地监管和核查。二氧化碳的管道运输目前没有明确的法律法规对其进行监管，但中国已经搭建了十分成熟的油气管道运输管理规范，可以为二氧化碳运输提供可靠的参考。因此，可以考虑建立专门的法律法规对二氧化碳运输进行监管。

二氧化碳注入、封存和地质利用阶段，是CCUS监管研究者最为关注的环节，主要原因是该环节是整个CCUS过程中环境风险最高的，潜在的二氧化碳泄漏风险对生态环境和人文环境具有十分严重的威胁。CCUS中封存运营环节可以划分为建设阶段、运行阶段、关停阶段和关停后阶段。风险水平与封存地的二氧化碳压力关系密切，其中风险最高的阶段为注入运行阶段，责任方一般是项目建设方（图3-10）。运行阶段结束后到关停阶段结束前，整个项目的二氧化碳泄漏风险随着封存地压力下降而逐渐降低，参照国外CCUS监管的经验，在关停阶段结束后，项目一般会在一定期限后移交给政府进行监管，此时风险将转移到政府部门。

按照项目不同阶段，可对二氧化碳注入、封存和地质利用阶段的监管要素进行划分（表3-7）。各个阶段在遵守立项审批备案流程的前提下，还应严格履行报告责任，向各个相关部门汇报，如国家发改委、城乡规划、节能、环保、国土、地震局、安监、水利和海洋主管部门等❶。

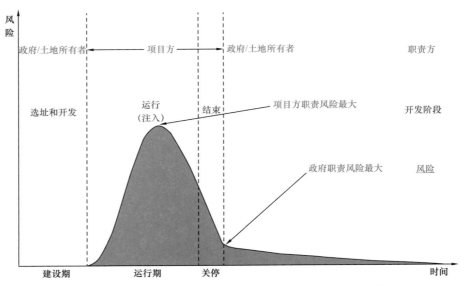

图 3-10　封存环节各阶段风险发生的概率和主要责任主体

表 3-7　CCUS 监管要素分阶段划分

监管层面	项目阶段			
	可研与预可研阶段	设计、施工和运营阶段	关闭阶段	关闭后阶段
健康、安全与环境	（1）分阶段许可； （2）二氧化碳的分类； （3）选址要求、场地表征； （4）本底检测要求； （5）注入压力、流量的确定； （6）风险分析和应急计划	（1）完井要求（如钻进水泥的要求等）； （2）阶段性检测与评估，监测与报告要求； （3）风险分析和应急计划	（1）监测期限、内容和报告要求； （2）井身质量检测与评估（如套管、水泥等）； （3）关闭申请程序与要求（如风险分析等）； （4）封存场地信息注册	（1）监测期限、内容与报告要求； （2）责任的转移； （3）风险分析和应急计划； （4）关闭后管理； （5）封存场地信息注册
资源量	封存容量估计	封存容量再评估与变更申请要求	已封存的二氧化碳量的确认	
权利划分	（1）项目边界的确定； （2）封存空间所属权			（1）权利的转移； （2）财务责任
社会责任	（1）与其他资源或设施的冲突； （2）封存体的保护			封存体的永久保护要求

---

❶　李小春. 2019. CCUS 集成项目生命周期风险管理与监管框架.

二、国外 CCUS 监管的效果分析

美国、欧盟、澳大利亚以及加拿大部分省份已发布专门的CCUS法律法规，以期推动CCUS产业化和商业化实践，见表3-8。与此同时，鉴于CCUS项目的潜在环境安全风险，各国也着重建立和完善CCUS的法律监管框架。系统和完善的法律监管框架和流程，为促进CCUS的稳步发展和扩大部署提供了坚实保障。发达国家已经累积的CCUS法律监管框架，也为中国制定自己的CCUS法律法规和标准提供了参考。其他国家可能会选择依靠其现有的监管框架，特别是在石油和天然气领域，来支持CCUS运营的注入和封存工作。依靠石油和天然气框架可能适合于小型示范项目，但是商业规模的CCUS活动应得到专门的许可制度支持，以进行现场操作、关闭和关闭后的监测与补救，以及制定法律或法规来提供二氧化碳长期管理的合同安排。

作为CCUS立法的先行者，2009年发布的《欧洲议会和理事会关于二氧化碳地质封存的指令》❶（简称《二氧化碳地质封存指令》）具有里程碑式的意义，为在欧盟范围内开展环境及健康安全型、风险可控型的CCUS项目提供了法律监管框架的基础。正是在对该指令的充分借鉴和学习下，欧盟各国纷纷建立了本国的CCUS法律监管框架（如著名的DNV GL CCS监管指令❷）。《二氧化碳地质封存指令》主要内容包括❸：（1）强调封存环境的安全性，该指令指出被封存的二氧化碳不能污染任何水体，也不能给人类健康带来任何风险；（2）提出地质封存的前提条件是取得许可，许可申请书必须注明封存地点的预期安全性、二氧化碳注入量，以及相应的监测方案；（3）注明禁止以废物处置为目的，在二氧化碳中添加其他废物/废气；（4）规定封存地点的关闭条件及责任转移。

英国是较早建立CCUS监管法律框架的国家之一，早在2008年就确立了以《能源法》为统领，以封存条例为主要内容的国家层面的法律框架，法案中将二氧化碳封存作为单独一章进行规范。同时法案规定将在英国严格实行二氧化碳封存许可制度，即在没有获得执照的情况下，任何人不得实施二氧化碳封存活动❹。2010年配套颁布了《二氧化碳封存（执照等问题）条例》❺，该条例对执照（包括执照效力、执照申请程序、评估期限和执照内容）、封存许可（包括如何提交许可申请、许可的受理条件及程序、封存许可证记载内容）、登记公开、监管机构的职责（包括监管纠正、核查、调整及废除封存许可证、

---

❶ EU Commission. 2009. A legal framework for the safe geological storage of carbon dioxide. https：//ec.europa.eu/clima/policies/innovation-fund/ccs/directive_en.

❷ DNV GL. 2011. DNV GL CCUS 价值链推荐操作规程 . https：//www.dnvgl.com/cn/services/page-5196.

❸ Directive 2009/31/EC.

❹ 英国《能源法》. 2008. https：//baike.baidu.com/item/2008%E8%83%BD%E6%BA%90%E6%B3%95/15593625？fr=aladdin.

❺ The Storage of Carbon Dioxide（Licensing etc.）Regulations. 2010.

撤销许可证）、封存地点的关闭及关闭后（包括关闭后方案及关闭后责任）进行了详细规定。

美国的CCUS法律框架建设也十分有特色，与上述国家和地区不同，美国并没有专门针对CCUS的国内法律制度和监管框架的法案，而是通过对现有环境保护污染控制法律体系的不断修改、增进和补充与CCUS有关的内容来建立法律框架[1]。如捕集阶段应符合《清洁空气法》《清洁水法》《资源保护与恢复法》等现有法律的规定，还要取得多项许可。同时，美国国内CCUS法律框架的不断完善主要依靠的是各州的共同努力，各州在实施CCUS项目示范的同时根据各自项目的特点灵活地制定相关法律规定，不断丰富和完善整体的法律框架。针对二氧化碳的封存活动，联邦层级主要有三类监管法律：水的保护、监测与报告，以及联邦土地的使用。

加拿大各地区在CCUS监管框架和法律制度的推动中也走在了世界的前列，其主要特点是监管框架依据不同的CCUS阶段而对联邦政府和省政府赋予了不同的监管权。二氧化碳的跨省运输，以及通过Natural Resources Canada（NRCan）[2]项目获得资金的CCUS项目要由联邦政府进行监管。另外，针对地质封存项目的监测与报告要求，由加拿大《环境保护法》[3]进行规范。而省政府由于负责监管自然资源、财产及民事权利，因此其涉及CCUS的监管内容主要包括在其行政边界内针对二氧化碳的注入许可和日常监管，在这个方面，有些省现有的油气监管和电力相关法律就可以调整适用。同时，加拿大地方政府重视广泛征求意见程序，2011年3月，艾伯塔省政府设立了监管框架评估组，由全世界各地的专家组成，同时不断针对本地区内CCUS监管框架进行持续研究，征求优化各方建议并不断调整完善。

澳大利亚为完善未来可能对CCUS项目开展的监管，早在2003年9月成立了二氧化碳地质封存监管工作组，研究CCUS项目监管制度和法律框架。经其起草的《碳捕集与封存监管指导原则》于2005年发布，并成为澳大利亚具有指导意义的CCUS监管制度文件[4]。该文件同时对CCUS项目评估与批准程序、二氧化碳的运输问题、监测与核查、项目责任与关闭后责任，以及经济保障问题开展具体分析，为澳大利亚联邦及各州和区域的CCUS立法及监管制度建立了明确的框架。随着CCUS项目地理区域的扩展，针对海上CCUS封

---

❶ 宋婧，杨晓亮. 2016. 国际CCS法律监管框架对中国的借鉴与启示. 世界资源研究所.

❷ Atlantic Council. 2020. A new energy strategy for the Western Hemisphere. https：//www.atlanticcouncil.org/in-depth-research-reports/report/a-new-energy-strategy-for-the-western-hemisphere/.

❸ Canadian Environmental Protection Act（CEPA）. 1999. https：//www.canada.ca/en/health-canada/services/chemical-substances/canada-approach-chemicals/canadian-environmental-protection-act-1999.html.

❹ Regulatory Guiding Principles for Carbon Capture and Storage.

存项目的新趋势，2006年澳大利亚创新地颁布了《海上石油与温室气体封存法》❶，又通过不断修改，建立了"海上CCUS项目"环境和安全监管的法律框架。这不仅开创了温室气体海上封存监管制度的先河，同时也为潜在地质封存研究与勘探活动提供了监管法律确定性。该法案借鉴了油气行业的技术原理，对温室气体地层的勘探、注入和封存权进行了延伸，后续根据该法案又推出了一系列具体的行政规章，以完善和明确海上温室气体的监管流程和具体内容。

表 3-8 选定国家的 CCUS 监管体系

国家	国家立法	实施说明
澳大利亚	澳大利亚政府负责监管澳大利亚大陆架上的海上 CCUS 活动，而州政府负责监管州陆地上和海岸 3mile 内的 CCUS 活动	澳大利亚州政府对土地和资源拥有广泛的权力，根据国家法律，澳大利亚州政府对本州内 CCUS 活动拥有管辖权。例如，维多利亚州通过了《维多利亚州 2008 年温室气体地质封存法案》(2008 年第 61 号)，该法案指定维多利亚州能源和资源部长负责监管维多利亚州的 CCUS 活动
加拿大 (艾伯塔省)	艾伯塔省通过立法，澄清该省拥有联邦政府土地以外的所有土地上可用于 CCUS 的地下孔隙空间，并指定艾伯塔省能源部为主要负责授予碳汇的机构	加拿大在 CCUS 方面的省级领导部分源于其联邦安排，根据联邦规定，自然资源和发电均归该省管辖，而联邦土地和近海资源则不在管辖范围内
欧盟	关于二氧化碳地质存储的欧盟指令 20099311EC 要求成员国采用法规，并指定一个或多个主管部门来规范 CCUS	根据成员国的政治结构，主管当局可以是国家，也可以是地方政府
英国	英国商业、能源与工业战略部 (BEIS) 负责管理和规范 CCUS 活动。英国脱欧后，由英国议会立法监管 CCUS	苏格兰、北爱尔兰和威尔士在环境保护、土地使用规划、当地空气质量以及与 CCUS 活动有关的其他领域负有下放的责任。英国皇家机构 Crown Estate 保留地下空间所有权
美国	美国环境保护署根据《安全饮用水法》采用了监管 CCUS 的 VI 类规定，并作为 CCUS 活动的默认监管者	如果确定有资格履行职责，则国家机构可以申请担任 VI 类的主要监管者

中国的CCUS示范项目是在缺少法律框架的情况下逐步摸索发展起来的，各个项目依靠与地方政府的积极沟通和争取，保障其顺利进行。但从立法层面来说，中国还没有提供明确的CCUS法律体系，监管层面也无法确定CCUS项目的具体审批/许可流程及日常监管程序，导致项目运营方及相关项目主体在启动和运行项目时只能"摸着石头过河"，在监管法律的"真空"地带探索CCUS示范项目的发展路径❷。对于监管政策制定者，立法的前提是需要对所需监管的内容进行明确，以保障所立法律的确定性和准确性；对于监管执行者，执行监管的前提是法律的明确授权和清晰的监管边界，根据法律确定的监管流程、监管对象和监管内容实施监管，保障监管的行之有效；对于被监管者，掌握当前的监管环

---

❶ Offshore Petroleum and Greenhouse Gas Storage Act 2006.
❷ IEA. 2014. Carbon capture and storage legal and regulatory review. International Energy Agency.

境和立法完善程度，有益于明确测定项目成本和风险评估，有益于推动项目落地和稳定运行。

针对中国目前CCUS监管存在的问题，国家应对气候变化战略研究和国际合作中心总结为❶：从项目审批看，没有针对CCUS项目的专门规定；从权属确认看，没有针对地下空间所有权的法律法规，也没有针对封存后二氧化碳归属权和可能发生的二氧化碳地下跨界流动的法律规定；从项目运营看，缺乏针对CCUS的具体技术标准；从环境管理看，缺乏针对CCUS项目环境影响评价和风险管控的明确规范；从安全监管看，对于捕集及压缩环节的二氧化碳是否属于危险化学品或属于一般化学品仍有待明确；从关闭管理看，还没有相关法律法规对关闭后的二氧化碳封存项目进行规范，也没有对相关的长期责任承担进行规定。

根据其他国家的发展经验来看，不同国家和地区采用的CCUS监管法律路径各不相同。例如，欧盟是通过系列立法和发布相关指令，配套式的完善监管框架并对CCUS项目发展予以规范和指导；英国是将与CCUS相关的法律监管框架直接纳入《能源法》，并发布新的行政条例对其进行规范；澳大利亚侧重CCUS海上相关业务的发展，并突出地方性的监管自治；美国和加拿大的做法自由度更高一些，最大限度地利用现有能源与环境监管体系，赋予各州自治权。因此，以上国家的做法中，哪种对中国有借鉴意义，需要具体分析。其一，针对中国现有的法律框架，能否通过扩充使其适用于CCUS项目；其二，完全没有基础的领域，如海上二氧化碳运输与封存，能否充分考虑其特殊性，建立相应的法律框架。同时，CCUS项目是一项跨多行业、多部门的复杂项目，在项目开展过程中不可避免地会产生权利冲突，根据各国的监管法律，建议从以下几个方面考虑应对：

（1）明确权利边界：界定明确的权利边界是避免纠纷产生的基础，也是纠纷得以解决的依据。

（2）充分发挥民事法律作用：如果将调解冲突的义务赋予政府机关，将大大增加政府监管的成本，同时由于CCUS各环节专业技术性较强，会导致政府处理效率低下，因此应当充分发挥民事法律的调解、沟通作用，用民事化的手段解决各方矛盾。

（3）完善CCUS项目许可证制度：通过完善CCUS项目各环节的审批流程和认证制度，保障各环节的合法合规性，避免发生潜在冲突的可能性。

（4）完善信息公开制度：将项目本身在环境风险评估、环境影响评价和选址地层信息进行公开，让更多的人了解项目计划及CCUS技术，可以消除公众对环境影响的担忧，同时吸收公众参与，对项目本身运行开展实时监督，更能督促项目运营方与监管者审慎、

---

❶ 国家应对气候变化战略研究和国际合作中心 . 2017. 我国碳捕集、利用和封存的现状评估和发展建议 .

严格地执行CCUS项目的各项监测计划，对于封存项目而言意义尤其重大。

三、中国 CCUS 监管环境及展望

预计中国CCUS环境监管法律体系以宪法为根本，以环境保护和环境影响评价等行业法律为指导，以国家和地方两个层级上的条例、法规、标准和政策作为实施细则，与中国缔结或参加的与环境保护有关的国际条约共同构成了一套较为完整的法律体系（图3-11）。

宪法对中国生态环境保护提出了相应法律约束。以宪法为根本原则，国家还出台了多部涉及CCUS环境监管保护的法律和法规，包括综合性的《环境保护法》《大气污染防治法》《固体废物污染环境防治法》《环境噪声污染防治法》《水污染防治法》《环境影响评价法》《野生动物保护法》等单行法，《规划环境影响评价条例》《建设项目环境保护管理条例》《排污费征收使用管理条例》《危险化学品安全管理条例》等部门法规，以及《水污染防治法实施细则》《水土保持法实施循则》等具体细则。

中国已初步形成了CCUS相关法律体系的雏形，为监管环境建设提供基础。CCUS监管涉及环保、用地、安全生产、排放量化和验证等领域。按照监管环节划分，可以分为CCUS项目事前监管、运营监管和事后监管。潜在监管环节见表3-9。CCUS监管体系的建立涉及不同主体，一般来说，可分为监管政策制定者（立法主体）、监管执行者（执法主体）和被监管者（运营方）。因此，在未来CCUS监管环境建设的工作中可以对各主体的任务进行职责分工，共同推动中国CCUS监管体系的建立。

对监管政策制定者来说，首先应当确立法律监管框架的总体原则，明确CCUS全流程所涉及的权利类型、内容和边界，对可划入现有法律框架的CCUS监管的范围和环节进行确定，同时明确需要重新立法的范围和环节；其次，划分不同监管机构的职责，尤其是地质封存和利用地点的勘探和监管的职责划分；最后，确立CCUS项目许可证制度与信息公开制度，确立关井后责任制度，明确责任主体与程序原则。

对监管执行者来说，首先应当具体规范CCUS项目申请的程序与流程；其次，应当制定各个环节的风险管理，如安全生产和环境保护标准；最后，严格遵循政策制定方颁布的总原则，重视事前、事中、事后监管，三者相结合，严格执行信息公开制度。

对被监管者来说，首先应当熟读当前法律监管的要求，尤其是项目流程审批程序和项目许可证获取、维护程序的相关要求；其次，制订详细的风险管理和自查自检方案，制定完善的设备操作流程和管理制度，严格履行报告义务；最后，考虑到关井后项目潜在风险较高，应为关井后项目购买保险（或提供相应资金保障），同时严格按照规章制度进行信息公开。

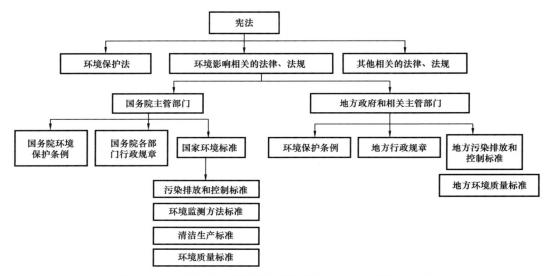

图 3-11　CCUS 相关的环境监管法律法规、标准和政策体系

表 3-9　CCUS 项目各潜在监管环节概览

监管环节	监管主体	监管程序	监管内容	参考的法律依据
CCUS 项目事前监管	国家和地方安全生产监督管理部门、地方发改委、地方环境保护部门、地方国土资源主管部门、地方政府	（1）危险化学品安全生产许可和工业产品生产许可制度； （2）项目投资申请报告核准； （3）环境影响评价制度； （4）土地利用规划许可； （5）日常监管	（1）审查项目的安全和生产资质； （2）评估项目在维护经济安全、合理开发利用资源、保护生态环境等方面的作用和影响； （3）预估项目对环境可能造成的影响以及由此带来的经济损益，并提出相应的措施； （4）审查项目对土地的组织利用和经营管理情况； （5）优化重大布局、保障公共利益、防止出现垄断等	《行政许可法》《安全生产许可证条例》《危险化学品安全管理条例》《环境保护法》和《土地管理法》
二氧化碳捕集阶段	地方环境保护部门、地方政府	（1）排污许可证核发； （2）日常监管	（1）核定污染物排放总量，核查污染物种类、数量、浓度、排污设施、处理设施； （2）进行政策上的引导，保障公众利益	《大气污染防治法》《火电厂大气污染物排放标准》《二氧化碳捕集、利用与封存环境风险评估技术指南（试行）》
二氧化碳运输阶段	地方安全生产监督管理部门、地方环境保护主管部门、地方交通运输主管部门、地方工商行政管理部门	（1）CCUS 项目运输设备安全条件审查； （2）危险化学品安全使用许可登记； （3）危险化学品环境危害性鉴定； （4）危险化学品运输企业营业执照	（1）检测二氧化碳运输设备是否合格； （2）登记所运输二氧化碳的标签信息、物理性质、化学性质、主要用途、危险特性，以及储存、使用、运输的安全要求和出现危险情况的应急处置措施； （3）鉴定所运输二氧化碳的物理危险性，并评估可能带来的环境风险； （4）认定企业运输资格资质	《中华人民共和国道路运输条例》《危险化学品安全管理条例》《道路危险货物运输管理规定》《二氧化碳捕集、利用与封存环境风险评估技术指南（试行）》

监管环节	监管主体	监管程序	监管内容	参考的法律依据
二氧化碳封存阶段	地方发改委、地方环境保护部门、地方安全生产监督管理部门、地方工商行政管理部门、地方政府	（1）项目存储可行性研究； （2）可行性研究阶段的安全条件论证和存储阶段的安全评价； （3）安全审查； （4）存储企业营业执照； （5）日常监管	（1）审查封存地的地质条件、周围人口密度和与企业的距离； （2）评价封存设备的可靠性，以及泄漏可能对环境介质、人群、动植物、微生物带来的影响； （3）审查所存储二氧化碳的理化性能指标、存储的技术要求和事故应急措施； （4）认定存储企业营业资格资质； （5）进行政策引导，保障公众利益	《安全生产法》《危险化学品安全管理条例》《危险化学品生产储存建设项目安全审查办法》《环境影响评价法》《环境保护法》《建设项目环境保护管理条例》《矿产资源法》《矿产资源勘察区块登记管理办法》《探矿权采矿权转让管理办法》《二氧化碳捕集、利用与封存环境风险评估技术指南（试行）》
CCUS项目事后监管	地方政府	关闭申请（提前一年）	（1）明确关闭后的责任； （2）预测可能出现的泄漏事故并提出应急措施	《矿产资源法实施细则》

‣ 第四章　中国 CCUS 发展战略

第一节　整体目标

中国进行CCUS部署将为国家中长期碳减排提供保障，有利于实现碳中和愿景，有利于中国建设更安全的能源体系，同时带来显著的社会价值和经济价值，包括实现额外的经济增加值、提高就业、促进工业产品出口、带动CCUS产品和服务出口。CCUS有关产业涉及国民经济第二产业大部分类别，CCUS能否成功部署直接关系到中国工业体系未来的国际竞争力。在广泛征求国内CCUS、能源及其他气候专家意见基础上，本书参考科技部、亚洲开发银行和IEA的CCUS路线图，制定CCUS部署的必要目标和理想目标（表4-1）。

表 4-1　CCUS 商业部署的全国整体目标

目标类型		2025 年	2030 年	2040 年	2050 年	2060 年
减排量 / (10^4t CO_2)	必要目标	200	2000	20000	80000	80000
	理想目标	1000	20000	60000	270000	270000
政策举措	必要目标	全国强制实施新建大型排放源CCUS预留	通过激励政策促使大部分高浓度部署CCUS	通过激励政策促使所有技术条件的大型排放源 CCUS	通过激励政策促使结合 CCUS 负排放技术大型示范	CCUS 负排放技术得到广泛应用
	理想目标	给予 CCUS 专项碳价格或等同的财税政策	要求所有新建高浓度排放源必须开展CCUS	要求所有新建大型排放源必须开展CCUS	所有电力和工业新建或现有排放源必须实施CCUS降低80%以上排放	所有电力和工业新建或现有排放源必须实施CCUS实现净零排放
示范目标	必要目标	建成一座全流程百万吨级 CCUS 项目	完成电力行业早期CCUS全容量捕集与封存的大型示范，启动若干CCUS产业集群中心	实现生物质结合CCUS实现负排放的电力或氢能大型示范，建成多个CCUS产业集群中心	进行空气直接捕集CCUS大型项目的示范	实现空气直接捕集结合二氧化碳利用大型CCUS项目的示范
	理想目标	在主要行业建成全流程百万吨级CCUS项目	完成电力、钢铁、水泥和石化行业烟气量高比例二氧化碳（>80%）捕集与封存的大型示范	在"一带一路"发展中国家完成大型CCUS示范项目	通过中国工业体系支持各类型CCUS项目在各发展中国家开展示范	在各发展中国家大规模开展CCUS，并为周边国家提供封存地
技术经济性目标（对比 2025 年成本）	必要目标	验证CCUS技术在首个大型示范项目应用的成本	实现低浓度碳捕集成本下降20%，高浓度源捕集成本下降10%；运输成本下降10%	实现低浓度碳捕集成本下降45%，高浓度源捕集成本下降50%；运输成本下降30%	实现低浓度碳捕集成本下降55%，高浓度源捕集成本下降65%；运输成本下降45%	实现低浓度碳捕集成本下降65%，高浓度源捕集成本下降75%；运输成本下降60%
	理想目标	在各行业验证CCUS技术大规模应用的成本	实现低浓度碳捕集成本下降30%，高浓度源捕集成本下降30%；运输成本下降10%	实现低浓度碳捕集成本下降55%，高浓度源捕集成本下降60%；运输成本下降30%	实现低浓度碳捕集成本下降65%，高浓度源捕集成本下降70%；运输成本下降45%	实现低浓度碳捕集成本下降75%，高浓度源捕集成本下降80%；运输成本下降70%

本书建议，中国CCUS发展的减排目标参考《科技部CCUS路线图》设定的二氧化碳利用封存量的必要目标。由于CCUS过程自身能耗会产生额外排放，实际上本书建议的必要目标略高于《科技部CCUS路线图》，体现在应对气候变化的中长期目标在2020年得到强化，因为中国提出了争取2060年前实现"碳中和"的雄伟愿景。本书提出CCUS发展的短期目标，即到2025年，各主要排放行业建设至少一座百万吨规模CCUS示范项目，以及加快推进高浓度排放源实施CCUS（表4-1），通过CCUS实现$1000 \times 10^4 t$的年减排量。实现2025年理想目标需要在"十四五"头两年加快CCUS部署和示范。2030年的理想目标主要是考虑了接近或达到碳中和或将升温控制在1.5℃以内的潜在需求，假设大部分有技术条件开展CCUS的高浓度排放源都会实施CCUS，从而避免支付碳排放带来更高的经济代价，或能够符合有关监管的要求。

本书建议，2040年的理想目标高于《科技部CCUS路线图》目标（必要目标），并为亚洲开发银行CCUS路线图目标的1.4倍，主要考虑到中国在2030年前碳排放达峰后需要实现二氧化碳的绝对量减排，同时借鉴了过去中国能源和环保工程项目的实施经验，中国的CCUS成本将会有一定国际竞争力，IEA预期的CCUS部署将会有很大一部分位于中国，即中国比欧盟、美国和其他发达和发展中国家能够实现更经济可行的CCUS部署。而2050年目标则参考了清华大学DDPP项目在70美元/t CO_2情景下围绕1.5℃情景的深度减排目标（表2-2）。

第二节　CCUS 在重点领域的发展途径

CCUS是实现碳中和、保证能源安全与结构优化、社会可持续发展的支撑技术。随着碳中和目标的提出，国家经济发展与碳减排之间的联系日益密切，产业结构调整中高碳产业逐渐向低碳高附加值产业过渡；能源结构优化过程中化石能源在能源结构中占比逐渐减少，可再生能源逐渐成为主体。CCUS是实现碳中和、保证能源安全与结构优化、社会可持续发展的支撑技术。在产业结构与能源结构调整中，CCUS是保证产业结构与能源结构稳定转型，以及转型后碳中和目标得以实现的重要保证。

2020年，煤炭占我国能源消费的比例高达57%。在碳中和目标下，能源需求总量达峰后逐渐下降（图4-1）[1]，化石能源占比逐渐降低（图4-2）。（1）政策情景：一次能源2050年达峰，总能耗$62 \times 10^8 t$标准煤当量；（2）强化减排情景，能源总消费2035年达峰，2050年总能耗$56 \times 10^8 t$标准煤当量；（3）2℃情景，能源总消费2030年达峰，2050年总能耗$52 \times 10^8 t$标准煤当量。（4）1.5℃情景，能源总消费2030年达峰，2050年总能耗

---

[1] 何建坤，等. 2020. 中国长期低碳发展战略与转型路径研究. 清华大学气候变化与可持续发展研究院. https：//www.163.com/dy/article/FQ3F5RVF05509P99.html.

50×10^8t标准煤当量。二氧化碳的总体排放，也将在不同情景下于2025—2030年达峰后逐渐下降（图4-3）。根据不同模型的研究，到2050年，化石能源仍将扮演重要角色，占我国能源消费比例的10%～15%。CCUS将是目前实现该部分化石能源净零排放的唯一技术选择。

工业部门的能源消费占全国总终端能耗的65%（包括建筑业的第二产业为67.5%），是最主要的能源消费和二氧化碳排放部门。CCUS从电力、钢铁、水泥和炼化等重工业部门的二氧化碳排放源中分离并捕集二氧化碳，并加以利用或封存，在这些行业实现二氧化碳的直接减排，CCUS是这些重点减排行业实现碳中和的重要技术支撑和保证。综合考

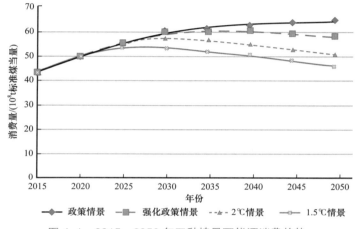

图 4-1　2015—2050 年四种情景下能源消费趋势

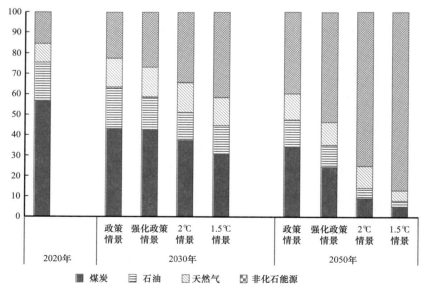

图 4-2　2015—2050 年四种情景下能源组成

虑CCUS技术在电力系统、工业部门的应用及其负排放潜力，研究显示，预计到2050年，CCUS技术可提供的减排贡献为11×10^8～27×10^8t二氧化碳。

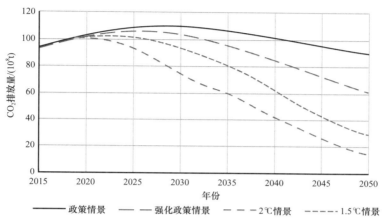

图 4-3　2015—2050 年四种情景下化石能源燃烧二氧化碳排放量

一、电力行业 CCUS 途径

电力行业二氧化碳排放以火电排放为主。火电产生的二氧化碳排放占我国工业排放50%以上，是国家重点排放行业，碳中和目标下，一方面，能源消费的增速逐渐放缓，到2030—2050年逐渐达到峰值并进入平台期，同时电力消费在能源中的比例增加，工业、交通、建筑等终端部门电气化水平提高，以电力替代煤炭、石油等化石能源直接使用；另一方面，非化石能源在发电占比中也快速增加，非化石能源的装机容量大幅提高。

1. 电力行业二氧化碳排放特点

2000—2019年，国家经济高速发展，电力需求逐年增加，发电总量从2000年的13556×10^8kW·h增长到2019年的75034.3×10^8kW·h。在这个过程中，火力发电量逐年增长，但火力发电在总发电量中占比逐渐下降，2000年占比为82.19%，2019年占比为69.57%，同时火电增速逐渐减缓，2019年增速放缓至2.43%（图4-4）。

电力行业二氧化碳排放以火电排放为主，2000—2019年总排放量随火力发电总量增长而增加，2019年火电排放为40×10^8t二氧化碳。随着技术的进步，单位发电耗煤量逐渐下降（图4-5），并接近理想值，单位发电二氧化碳排放值也逐渐降低（图4-6）。按照国家能源局发布的数据，2019年全国供电标准煤耗307g/（kW·h），同比再降0.7g/（kW·h），与2009年的340g/（kW·h）相比，全国供电标准煤耗累计下降了33g/（kW·h），呈现明显下降趋势。同时，我国百万千瓦机组煤耗最低纪录再次被刷新，达253g/（kW·h）。

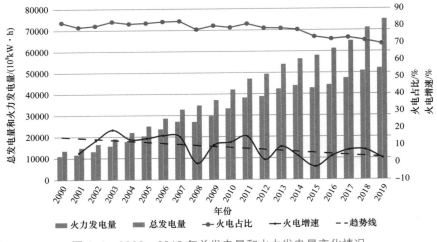

图 4-4　2000—2019 年总发电量和火力发电量变化情况

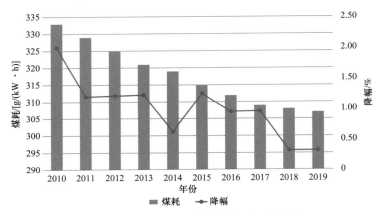

图 4-5　2010—2019 年发电每千瓦时煤耗

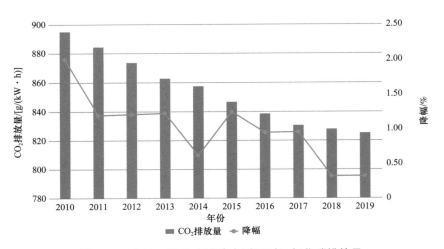

图 4-6　2010—2019 年发电每千瓦时二氧化碳排放量

根据生态环境部公布的数据，2019年我国实现超低排放的煤电机组累计约8.9×10^8kW，占总装机容量的86%。中国将持续推进煤电行业超低排放和节能升级改造，加快打造高效清洁的排放模式、推动电力行业二氧化碳排放和污染物排放水平进一步降低。

2. CCUS 是电力行业实现低碳转型和净零排放的重要保证

（1）CCUS是电力行业净零排放的重要组成。

可再生能源逐渐替代化石能源是火电实现净零排放的理想方案，但可再生能源占比的有效增长需要时间。研究表明（图4-7❶和图4-8），在2℃和1.5℃情景下，2050年装机和发电构成中，煤电仍然占有一定比例。要保证这部分煤电的净零排放，必然要利用CCUS技术。

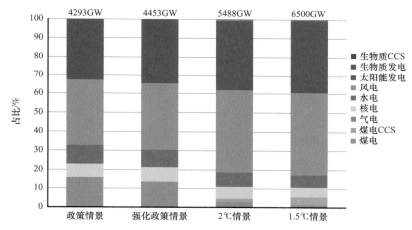

图 4-7　2050 年煤电装机构成

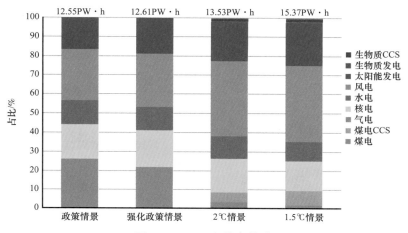

图 4-8　2050 年发电构成

❶　李政 . 2020. 中国低碳排放目标下电源及电网优化构成及技术路线图 .

（2）CCUS是煤电机组低成本退出的有效途径。

随着化石能源占比降低，电力行业煤电机组逐渐退出。考虑到我国煤电机组建成晚、服役短的现状，煤电机组大量过早退役将导致巨大经济损失。研究表明，在不同情景下，2030—2045年，燃煤机组将大幅退出（图4-9和图4-10）。由于我国燃煤机组服役时间短，平均为20～30年，远远低于欧美发达国家39～49年的水平。因此，增加现有煤电机组服役时间，同时采用CCUS技术实现净零排放，是保证煤电机组低成本退出的有效途径。

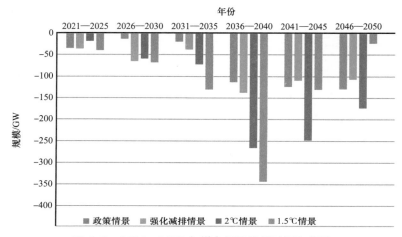

图 4-9　2021—2050 年煤电机组退役时间和规模

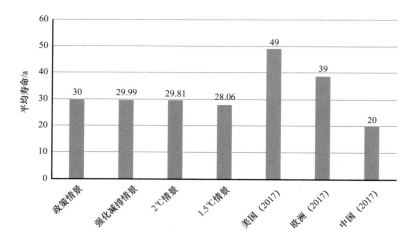

图 4-10　中国煤电退役机组平均寿命

（3）CCUS为电力行业低碳转型提供缓冲。

研究表明：由于可再生能源的特点，可再生能源高比例替换煤电，面临巨大的技术和投资压力。替换比例越高，技术和投资的压力越大（图4-11）。

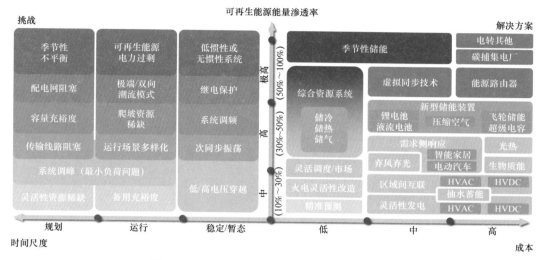

图 4-11　可再生能源渗透的技术与经济的挑战

　　同时，由于可再生能源的特点，可再生能源接入电网后，需要大幅度增加跨区域电力交换容量和储能容量（图4-12和图4-13），为保证电网稳定，需要增加更多的技术和投资保证。为了保证电网的稳定并减缓短期投资的压力，我国需要保留一定比例煤电，并通过CCUS保证煤电的近零排放，为可再生能源替换化石能源提供缓冲。

3. 电力行业碳排放的趋势分析

　　根据清华大学相关研究分析，电力行业二氧化碳排放特征如图4-14所示，正常情况下火电行业2030年前可以达到峰值，峰值排放41.5×10^8t，2050年碳排放超过30×10^8t。2℃情景下，电力行业在2030年二氧化碳排放达峰，峰值为40×10^8t，2030年后下降，2050年将下降到3×10^8t，比峰值下降92%。而1.5℃情景下，2030年后减排力度加大，到2050年基本实现近零排放。

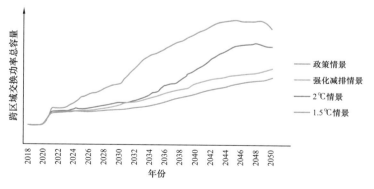

图 4-12　跨区域交换功率总容量

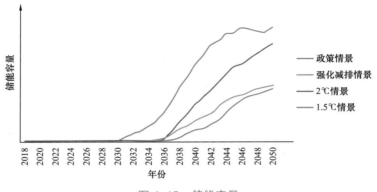

图 4-13　储能容量

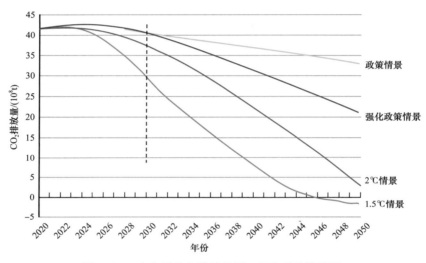

图 4-14　电力系统各种情景下二氧化碳排放情况

同时，2019年中国能源电力发展展望指出，我国电力需求到2050年预计增长到 $12 \times 10^{12} \sim 15 \times 10^{12}$ kW·h，火电占比大幅缩减至10%左右，但仍有 $4.3 \times 10^8 \sim 16.4 \times 10^8$ t 二氧化碳需通过CCUS技术减排才能实现电力系统的净零排放。

二、钢铁行业 CCUS 发展途径

我国钢铁行业碳排放量占全球钢铁行业碳排放总量的60%以上，占全国碳排放总量的 15%～18%，是我国碳减排重点工业行业。

1. 钢铁行业二氧化碳排放特点

自2000年以来，中国钢铁行业二氧化碳排放量随粗钢产量快速上涨（图4-15），2019年粗钢产量 9.98×10^8 t，钢铁行业 CO_2 排放量 18.86×10^8 t。与2000年相比，粗钢产量增长622.4%，钢铁行业CO_2排放量增长382.7%，吨钢CO_2排放量为2.03t，吨钢二氧化碳排放量下降33.2%。我国钢铁行业节能减排工作取得了积极进展，CO_2排放控制水平得到很大提升。

另一方面，我国钢铁行业CO_2排放量在工业CO_2排放总量的占比仍然在上升，2019年占比达到18.72%。同时，吨钢CO_2排放量仍然高于全球吨钢CO_2平均排放强度1.82t。钢铁行业CO_2减排需要更多努力。

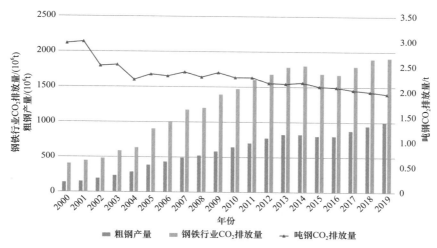

图4-15　全国钢铁行业粗钢产量、二氧化碳排放量和吨钢二氧化碳排放量

2. 钢铁行业二氧化碳排放分析

钢铁产能逐渐回落，钢铁行业总体排放量减少。钢铁行业的产能大幅提升与国家经济发展和经济结构紧密关联，随着国家大规模基础建设的完成，经济发展结构中绿色低碳经济占比逐渐增大，钢铁行业的总体产能也会逐渐降低。同时，钢铁行业经过20年高速发展，到2018年我国钢铁积蓄量达到90×10^8t。中国工程院"黑色金属矿产资源强国战略"项目研究表明，到2025年，我国钢铁积蓄量将达到120×10^8t，2030年我国钢铁积蓄量将达到132×10^8t。国家钢铁产能将逐步回落，预计到2050年钢铁产能回落到$4.5\times10^8\sim5.5\times10^8$t/a。

发展短流程炼钢减少二氧化碳排放。粗钢是钢铁行业最重要的中间产品，粗钢生产是钢铁行业最关键的生产环节。根据原料的不同，全球主要粗钢生产工艺可分为两类：第一类是将铁矿石还原为粗钢的工艺，具体包括高炉—转炉法（BF-BOF）、熔融还原法（SR-BOF）和直接还原法（DRI）；第二类是将废钢重新冶炼为粗钢的工艺，即基于废钢的电弧炉冶炼法（Scrap-based EAF）。我国主要炼钢工艺为基于铁矿石的高炉—转炉法和基于废钢的电弧炉冶炼法。不同工艺的吨钢CO_2排放量见表4-2。

表 4-2　炼钢工艺吨钢 CO_2 排放量　　　　　　　　　　　　单位：t CO_2/t

来源	高炉—转炉法	基于天然气的直接还原铁—电弧炉法	基于废钢的电弧炉冶炼法
IEA（直接排放）	1.2	1.0	0.04
IEA（间接排放）	1.0	0.4	0.26
IEA（直接＋间接）	2.2	1.4	0.3
世界钢铁协会	2.2	1.4	0.3

目前，我国钢铁行业吨钢碳排放量平均为2.03t，高于世界平均水平1.82t，主要是由于粗钢生产工艺的结构性差异造成的，2018年我国转炉粗钢生产量占比为88.4%，世界上除中国以外的平均水平仅为51.8%。中国电弧炉短流程炼钢工艺生产的粗钢产量仅占总产量的10%左右，远低于美国68%、欧盟40%、日本24%的发展水平；废钢比仅为18.7%，仍有较大提升空间。

中国工程院"黑色金属矿产资源强国战略"项目研究表明，到2025年我国废钢资源年产量将达到 $2.7 \times 10^8 \sim 3 \times 10^8 t$；2030年废钢资源年产量将达到 $3.2 \times 10^8 \sim 3.5 \times 10^8 t$；短流程炼钢的优势将逐渐体现出来，根据当前粗钢产量计算，当电炉粗钢比例达到25%的时候，我国钢铁行业的碳排放量将降低10.2%，年减排 $1.94 \times 10^8 t$ CO_2。

先进炼钢技术的应用。在传统炼钢工艺技术减碳的同时，开发先进炼钢技术是钢铁行业绿色低碳发展、能源变革的要求，是钢铁行业实现高质量发展的重要出路。其中氢冶金技术和电解炼钢技术是重点。

氢冶金技术采用氢取代碳（炭或一氧化碳）作为还原剂，利用氢还原铁矿石，最终排放物是水，实现零排放炼钢。目前，国内外多家钢铁企业对氢冶金进行了深度布局，如安赛乐米塔尔建设氢能炼铁实证工厂、奥钢联H2Future、德国蒂森克虏伯氢炼铁技术、日本COURSE50等。国外诸多项目都已进入试验或者建设阶段，我国氢冶金技术起步晚，基本还处于立项初期。

3. CCUS 对钢铁行业的减排作用

2025—2030年，钢铁行业粗钢产量将达到 $10 \times 10^8 \sim 10.8 \times 10^8 t$，$CO_2$排放量达峰值为 $20 \times 10^8 \sim 21 \times 10^8 t$；随着钢铁产能的回落、短流程炼钢工艺使用规模的逐渐扩大、氢冶炼等先进技术的应用，2030—2050年钢铁行业二氧化碳排放量将逐步下降。预计2050年钢产量为 $4.75 \times 10^8 t$，即使考虑其他各项减排措施，要实现净零排放还有 $0.5 \times 10^8 \sim 2.1 \times 10^8 t$ CO_2需要通过CCUS进行减排（图4-16）。

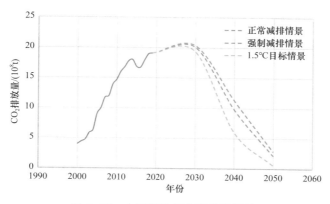

图 4-16 中国钢铁行业碳排放评估

2000—2019 为统计曲线，2019—2050 为预测曲线

三、水泥行业实现碳中和的发展途径

水泥行业生产过程中把石灰石、黏土和其他材料的混合物转化为水泥粉，这是一个二氧化碳排放密集型的过程。2018年，全球水泥产量超$45×10^8$t，中国水泥产量占世界总产量的50%以上，碳排放约为$7×10^8$t，占全国总排放的7%[1]（图4-17[2]）。

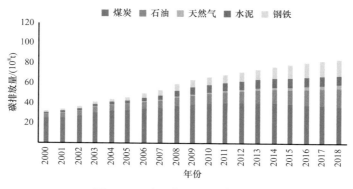

图 4-17 水泥行业碳排放趋势

1. 水泥行业碳减排现状

2019年7月，中国建筑材料联合会发布了《2019年水泥行业大气污染防治攻坚战实施方案》，明确提出水泥行业2019年须实现水泥行业单位产品能耗和污染物排放全面达标，单位产品能耗达到不低于先进值的80%，并于2020年圆满完成既定任务。其中达到

❶ Carbon Brief. 2018. Guest post: China's CO₂ emissions grew slower than expected in 2018.
❷ 中国产业信息. 2018. 2018 年中国碳排放行业排放量、排放结构及碳汇测算分析. https://www.chyxx.com/industry/202003/846456.html.

国际领先水平的生产线比例达到30%，同时实现污染物减排和碳减排，估算减排二氧化硫2.8×10^4t、氮氧化物4.0×10^4t、粉尘3.1×10^4t，减少碳排放约3000×10^4t。水泥行业碳减排的主要路径包括：

（1）淘汰落后产能：首先，提高企业对行业发展的认识，发挥大型企业的带头作用，前五十强企业自律淘汰2000t/d以下的水泥生产线，对2000t/d以上技术落后的生产线进行减量置换改造。另外，加强政府引导和管理，对于重点区域企业的2000t/d以下水泥生产线，尤其是排放、能耗指标达不到区域要求的生产线实施强制淘汰。

（2）能源替代：短期内用有热值的垃圾或生物质燃料替代传统化石燃料，未来也可以利用清洁能源技术，推动水泥行业能源使用结构调整，从而降低碳排放。另外，水泥企业也可以通过分布式光伏项目，在企业用电方面实现减碳目标。

（3）结构调整：鼓励创新企业间兼并重组模式，支持相互参股、委托经营、资产交换等方式的市场整合，以优化市场布局，提高市场集中度。创新提升技术标准，发挥标准引领作用，推动水泥产品标准升级，提升产品性能质量，实现产品高质量发展。

（4）技术升级：以"第二代新型干法水泥技术"为基础，全面推进水泥行业技术升级改造。推进示范线项目的建设工作，形成以推进"第二代新型干法水泥技术"为目标的水泥技术创新发展平台，通过"二代"技术的推广应用，发挥引领、示范作用，推动水泥行业向高质量发展。

（5）碳捕集利用与封存：CCUS是国际公认的大规模直接减排技术，也被认为是我国碳中和目标实现的重要支撑。作为水泥熟料生产环节碳减排的"兜底"手段，未来CCUS应会充当重要技术路径，为水泥行业碳中和做出重要贡献，对给予重视的企业提供价值回报。

（6）创新驱动：结合行业发展情况及特点，在有成熟可行技术支撑的前提下，加快修订提高水泥行业的环保、质量、能耗、安全等标准，发挥创新标准的引领作用。实施管理创新，继续开展和推动能效"领跑者"、绿色工厂、绿色矿山认证工作。

然而，碳信息披露项目（CDP）[1]2018年发布的一份报告显示，如果不能将减排量增加一倍以上，水泥行业很可能无法完成《巴黎协定》的减排目标。该报告认同CCUS对水泥行业的重要性，但认为此类项目大多处于试验阶段，除海德堡水泥公司外，其他企业取得的进展都很有限。

2. 水泥行业 CO_2 排放特点

按照《巴黎协定》的约定，全球水泥行业必须在2050年达到碳中和的目标，也就

---

[1] Carbon Disclosure Project. 2018. https：//www.johnsoncontrols.com/suppliers/sustainability/carbon–disclosure–project.

是2030年必须要达到减碳40%。据中国水泥协会报道，目前，我国水泥熟料碳排放系数（基于水泥熟料产量核算）约为0.86，即生产1t水泥熟料将产生约860kg二氧化碳，折算后我国水泥碳排放量约为620kg（图4-18[1]），而按照《巴黎协定》的要求，每生产1t水泥，二氧化碳排放量必须降到520~524kg之间。

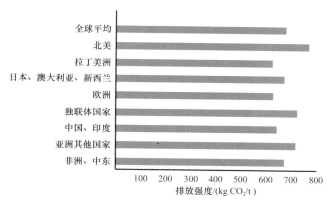

图 4-18　不同地区水泥行业单位碳排放强度

　　许多企业通过上述路径开展了水泥行业的碳减排工作，如苏伊士水泥公司，坚定地承诺在实践中做到可持续发展，在运营中做到绿色环保。为了实现减少碳排放的长期目标，苏伊士水泥公司首先在埃及的卡塔米亚、苏伊士和赫勒万工厂约16.5%的水泥生产过程中使用了替代燃料，包括生物质能和垃圾衍生燃料。

3. CCUS 在水泥行业的应用

　　早在2012年就有学者对中国水泥行业开展碳捕集项目的可行性进行了分析，Xi等[2]以一家典型的中国干法水泥厂为例，对其每天6000t的二氧化碳排放成本进行了研究，结果表明每吨二氧化碳的减排成本约为70美元，捕集率为85%，与燃煤电厂的二氧化碳改造相比，现有水泥的碳捕集项目吸引力较低。国家发改委在2013年发布的《关于推动碳捕集、利用和封存试验示范的通知》中提出，推动碳捕集、利用和封存（CCUS）试验示范是"十二五"控制温室气体排放工作的一项重点任务。同时，首次明确了在火电、煤化工、水泥和钢铁行业中开展碳捕集试验项目，研究制定相关标准及相关政策激励机制。

　　在碳中和目标的驱动下，水泥行业的碳捕集项目的发展是大势所趋，已经有部分项目开始了尝试。

[1]　Jia Li, Pradeep Tharakan, Douglas Macdonal, et al. 2013. Technological, economic and financial prospects of carbon dioxide capture in the cement industry. Energy Policy（61）：1377-1387.

[2]　Xi Liang, Jia Li. 2012. Assessing the value of retrofitting cement plants for carbon capture：a case study of a cement plant in Guangdong, China. Energy Conversion and Management（64）：454-465.

2016年，为充分履行国有大型企业的社会责任，海螺集团积极行动，着手开展水泥窑碳捕集纯化工作。在反复调研论证的基础上，最终确定与大连理工大学采取产学研合作的方式开发，由海螺集团投资5000万元，在白马山水泥厂建设一条示范线。项目于2017年初开工建设，于2018年10月建成投运，标志着全球首个水泥窑碳捕集纯化示范项目的正式运行。

四、油气行业 CCUS 途径

油气行业是能源生产企业，也是能源消费企业；油气行业特别是石化企业，是碳排放的重点行业之一，其二氧化碳排放量占国家总排放量的9%，是继火力发电、钢铁、水泥之后的第四大二氧化碳排放源。同时，油气行业既是能源消费者，也是化石能源的重要生产者，在国家碳排放达峰和碳中和目标下，油气行业面临传统化石原油生产和加工规模逐渐缩减的挑战，也将具有油气行业绿色转型的机会。

油气产业覆盖CCUS全技术链条，油气行业既具有原油炼化的二氧化碳排放源，也具有油田开展二氧化碳驱油与封存的条件，可以在行业内部完成CCUS全技术流程，实现行业内部二氧化碳减排。同时，油气行业开展CCUS，可以为火电、钢铁和水泥行业二氧化碳减排提供解决方案。

1. 油气行业二氧化碳排放特点

中国油气行业二氧化碳排放包括油气开发与生产、油气储运和石油加工等重点板块。中国油气行业中，石油加工板块排放强度最大，同时，石油加工规模远大于石油开发与生产，因此，石油加工板块是中国油气行业二氧化碳排放的主体。2000年以来，中国油气行业二氧化碳排放量随石油加工能力的提升迅速增长（图4-19），2019年全国总体石油加工量达到$8.63 \times 10^8 t$，二氧化碳总体排放量达$9.98 \times 10^8 t$。

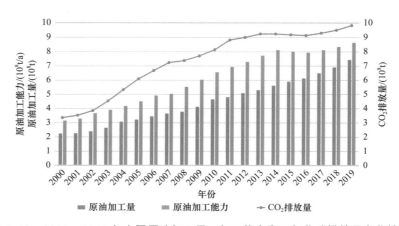

图 4-19　2000—2019 年中国原油加工量、加工能力和二氧化碳排放量变化情况

我国石油加工二氧化碳排放控制与世界先进水平仍有差距，炼油二氧化碳综合排放值比世界先进水平高53.5kg二氧化碳/t原油以上。主要原因在于，我国加工原油中，重质劣质原油占比逐年增加，提高了原油预处理能耗，增加了催化裂化（FCC）装置等结焦量，进而增加了炼厂的二氧化碳排放。另外，我国还存在大批装置陈旧、技术落后的小型炼厂，也增加了总体二氧化碳的排放。随着单体炼厂规模的扩大，以及炼化一体化项目占比增加，油气行业二氧化碳排放强度将逐渐下降。

2. 油气行业二氧化碳排放趋势分析

原油需求预计在2030年达峰，油气行业二氧化碳排放同时达到峰值。2000—2019年，中国石油消费年均增长6%，近10年来石油消费增速总体呈现下降态势，"十三五"期间已降至3.7%。随着经济向绿色低碳转型，非化石能源在能源结构中占比增加，受新能源交通工具的应用，以及交通工具能效提升等因素影响，中国石油需求的增速逐渐下降。预计2030年前进入峰值平台期，预计中国原油峰值需求为7.4×10^8t，2050年原油需求回落至5.5×10^8t。

原油需求中交通用油的比例逐渐减少，化工用油的比例逐渐增加，合理保留部分原油加工能力。随着燃油车效能的提升，以及替代燃料的快速发展，新能源汽车的逐渐加入，交通用油将在2025年逐渐达峰，预计约为3.8×10^8t。同时，化工用油的比例逐渐增加，将从2020年18.7%增加至2050年的37.3%，石油化工产品的需求量增加（图4-20）。保留一定石油加工能力，满足石油化工的需求，以及航空煤油需求的增长是合理的。

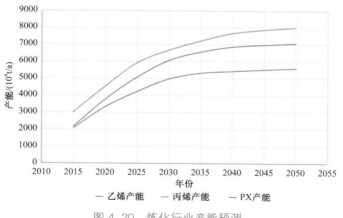

图 4-20　炼化行业产能预测

油气传统产能达峰后逐渐回落，油气行业二氧化碳排放总体减少。按照目前经济的高速发展态势，特别是民营资本的积极投入，大型炼厂加工能力还将继续上升；中国石油经济技术研究院发布的《2018年国内外油气行业发展报告》显示，2018—2020年，我国共有6项千万吨以上的炼化项目分别在规划、审核、环评和建设中，预计2025年释放产能1.02×10^8t/a。同时，国家和地方对落后和小规模炼厂的淘汰、合并和转型也在同时进行调整。根据中国石油和化学工业联合会的统计，2018年全国减少1666家规模以上企业。其中，炼化企业达1288家。炼化大省山东省针对炼油能力在500×10^4t/a及以下的地方炼厂，正在分批分步进行减量整合转移，计划到2025年压减现有炼油能力的1/3。

综合以上分析，中国石油加工能力将在2025年达峰（10.2×10^8t/a），2025—2030年平稳期后产能逐渐回落，2050年预计产能回落到$4.0 \times 10^8 \sim 6.5 \times 10^8$t/a的石油加工规模（图4-21）。

油气行业二氧化碳2025年达峰排放值为11.8×10^8t；2050年碳中和条件下二氧化碳排放最高值为7.5×10^8t，最低值为4.6×10^8t（图4-22）。

不同区域原油加工能力和二氧化碳排放分布及趋势如图4-23[1]所示。

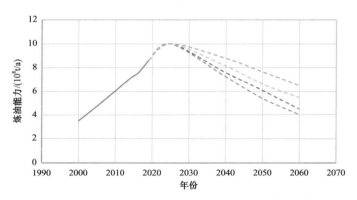

图 4-21　2020—2050 年油气行业炼油能力发展趋势

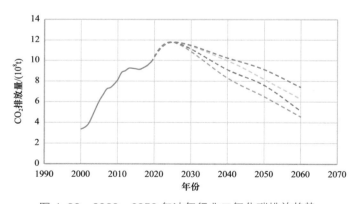

图 4-22　2020—2050 年油气行业二氧化碳排放趋势

---

❶ 中国石油经济技术研究院 . 2020. 世界与中国能源展望（2020 版）. http：//news.bjx.com.cn/special/？id=928959.

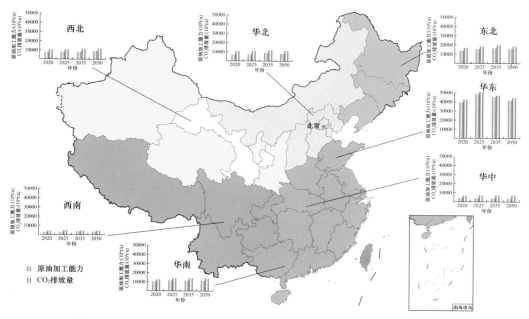

图 4-23 2000—2050 年中国原油加工能力和二氧化碳排放量变化情况

3. 油气行业二氧化碳封存潜力

中国油气行业二氧化碳封存主要有三个层次：二氧化碳油藏封存、二氧化碳气藏封存和二氧化碳咸水层封存。

二氧化碳油气藏封存主要采用油气藏储量进行替代计算，假设油藏和气藏中原油和天然气被二氧化碳完全置换，结合在相关油藏和气藏的状态参数，可以计算得到二氧化碳在油藏与气藏中的封存潜力。咸水层封存量根据地质储层的有关数据，采用国际通用的碳领导力论坛推荐方法进行计算所得。经收集中国主要油藏、气藏以及盆地数据，并对中国主要油藏、气藏和盆地进行二氧化碳地质储存潜力评价，二氧化碳地质咸水层储存潜力见表4-3和图4-24。

表 4-3 中国主要盆地二氧化碳地质储存潜力（中国二氧化碳封存潜力与适宜性评价报告）

盆地	二氧化碳地质储存潜力 / (10^8 t)	油藏潜力 / (10^8 t)	气藏潜力 / (10^8 t)
渤海湾	1227.9390	63.7684	22.4168
塔里木	894.5045	23.6760	173.9749
松辽	431.3547	44.5335	58.5334
二连	413.1086	2.0428	—
四川	316.1878	0.9092	113.2759

续表

盆地	二氧化碳地质储存潜力 / (10^8 t)	油藏潜力 / (10^8 t)	气藏潜力 / (10^8 t)
鄂尔多斯	255.4300	16.8986	97.6118
海拉尔	121.3189	2.0234	6.9853
准噶尔	63.6123	12.9402	19.3095

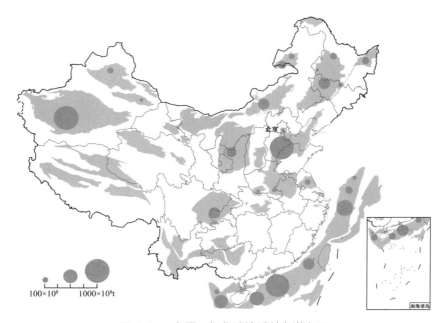

图 4-24　全国二氧化碳地质封存潜力图

从评价的结果可以看出，渤海湾盆地的二氧化碳地质储存潜力最大，高达1000×10^8t，其次是塔里木盆地、松辽盆地、二连盆地、四川盆地、鄂尔多斯盆地以及海拉尔盆地，均已达到100×10^8t以上。从二氧化碳地质储存潜力这方面来说，潜力较大的盆地均可开展二氧化碳地质储存。

同时，中国油藏和气藏的封存潜力远大于最高的11×10^8t/a油气行业排放量，在满足油气行业内部二氧化碳减排的同时，更多的封存潜力可以为钢铁、水泥等难以减排的行业提供解决方案，同时这也是油气行业绿色低碳转型的重要方向。

第三节　区域和行业目标

区域CCUS发展目标的设置需要与行业碳排放达峰行动相结合，同时考虑各省的碳封存资源及产业结构。对于二氧化碳封存资源较好的省份，宜采用高于全国平均水平的部署目标，如新疆、陕西、山西、内蒙古、山东、吉林、江苏、河南等省份。在一些经济实力较强省市或地区，宜支持企业开展CCUS示范，如广东、浙江、上海、北京。另外，化石能源储备和生产水平较高的省份或地区宜把CCUS纳入其中长期发展的战略产业，实现传统化石能源产业的转型升级发展。

推动CCUS的广泛部署，需要调动各行业的力量。通过与CCUS和各行业专家讨论，本书建议的行业发展目标包括：

（1）充分研究CCUS对各行业碳排放达峰的战略定位以及对碳排放达峰后实现碳中和的贡献潜力；

（2）在"十四五"期间，推动建设10～20座有示范意义的大规模的CCUS项目，同时开展大型二氧化碳运输管网规划并启动建设，推动各行业开展大型一体化CCUS项目可行性研究和工程设计；

（3）推动具备封存和利用条件的高浓度排放源在"十四五"期间开展CCUS项目开发和建设，通过对高浓度排放源实施CCUS来实现低成本减排，为各地工业发展创造空间；

（4）推动各主要排放行业的低浓度排放源（如电力、钢铁、水泥）在"十四五"期间各完成至少1座百万吨级大型CCUS示范项目的投资决定，并在"十五五"期间共开展不少于10座百万吨级大型CCUS项目，并建成1座千万吨级的CCUS集群；

（5）在"十四五"期间通过油气行业相关企业建成至少两项二氧化碳运输和封存基建，为实现CCUS大规模区域集群提供基础，同时通过管道和二氧化碳封存设施的规模化建设降低成本；

（6）在低浓度低分压气源碳捕集技术开发上，加快有利于降低成本和能耗的第二代溶液的研发、试点和大规模示范，为二代技术示范提供比一代技术更显著的激励政策；

（7）鼓励油气、电力、钢铁、水泥等工程设计和建设行业进行CCUS能力建设，在海外开展CCUS有关工程开发和建设，以及把CCUS纳入"一带一路"倡议，作为绿色基础设施投资或建设的一部分；

（8）在"十五五"期间通过结合生物质能源实施CCUS，实施2座百万吨级的大型CCUS负排放示范项目，并建立负排放项目的排放核算和激励体系；

（9）在条件较好的省市，通过"一事一议"方式，为CCUS示范项目提供优惠政策，促成早期示范项目、建设CCUS集群及推动CCUS推广；

（10）鼓励金融机构在国内外为CCUS项目提供服务，包括贷款、股权融资服务，以及提供保险等风险管理服务，通过绿色信贷、绿色债券和气候债券等手段支持CCUS项目投融资；

（11）集聚CCUS有关企业和研究院，建立并充分利用现有CCUS行业组织（如CCUS专委会），推动各行业示范和部署CCUS项目，协助各行业争取政策支持和国际资源倾斜。

第四节　机构框架

CCUS的有关机构框架，包括相关激励政策制定部门、监管部门、地方政策部门、地方监管部门、应用企业、服务性企业和融资机构：

（1）激励政策制定部门：生态环境部、科技部、财政部、国家发改委、国家能源局。

（2）监管部门：生态环境部、国家发改委、自然资源部、应急管理部。

（3）地方政策部门：生态环境厅（局）、科技厅（局）、财政厅（局）、地方发改委、地方能源局。

（4）地方监管部门：生态环境厅（局）、地方发改委、地方自然资源厅（局）、地方安监局。

（5）应用企业：电力、钢铁、水泥、石化、煤化工、造纸、炼铜、电解铝等高排放行业。

（6）服务性企业：工艺提供商、工程公司、设备制造商和科研单位。

（7）融资机构：风险资本、基础设施基金、CCUS专项基金、气候基金会、其他商业基金、银行和券商。

在CCUS监管框架建设过程中，需要明确各部门的权责，厘清地方和国家在CCUS监管方面的责任。建议在"十四五"早期阶段，生态环境部联合国家发改委、国家能源局、科技部、国土资源部等单位发出CCUS的跨部门指导意见，在国家层面形成对CCUS发展联合支持和监管的工作机制。

同时，建议对早期大型CCUS项目采用备案制度，降低CCUS审批带来的额外成本和风险。建议国家组织有关部门商讨CCUS监管环境建设，并征求企业意见，解决CCUS监管过程中存在的主要障碍。对于二氧化碳封存义务的监管，建议在激励企业采用最佳实践的前提下，政府分担示范阶段项目封存地关闭后的主要责任，保持企业承担少量责任，来激励最佳实践。以政府承担封存风险为主、企业为辅的模式，有利于降低CCUS投资者和项目运行风险。由于企业投资回报与承担的风险呈现正向关系，这种做法会降低企业投资CCUS项目所需求的投资回报率，最终有利于降低政府支持的政策负担。

第五节　实现发展战略的目标和路径

经过以上分析和专家的广泛讨论，中国CCUS发展路线图如图4-25所示。在正常模式下，CCUS在2020—2025年为研发和示范阶段，CCUS项目规模为$2\times10^6\sim15\times10^6$t CO_2/a（2025年规模为15×10^6t CO_2/a）；2025—2035年为工业推广阶段，项目规模为$15\times10^6\sim50\times10^6$t CO_2/a（2035年规模为50×10^6t CO_2/a），2035—2050年为全面部署阶段，项目规模为$50\times10^6\sim1500\times10^6$t CO_2/a（其中2040年规模为500×10^6t CO_2/a，2050年规模为1500×10^6t CO_2/a）；在激进模式下，为满足碳中和目标，CCUS将在直接减排中起到更多的作用，发展曲线如图4-25中红线所示，2050年达到25×10^8t。

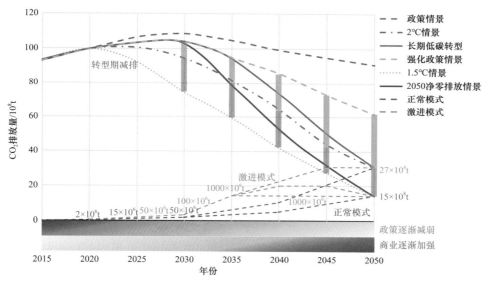

图 4-25　中国 CCUS 发展路径

同时建议采用以下举措实现中国CCUS的战略部署：

（1）"十四五"期间，国家高层决策者对CCUS技术的定位和产业效益形成共识，并开始制定与CCUS有关的专项规划和约束性发展目标；在本阶段，通过系统性调研和独立分析，对各行业CCUS的技术成本和潜力有客观的认识，"十四五"期间完成对全国所有大型排放源CCUS改造潜力的分析，包括工业级别的源汇匹配，完成《科技部CCUS路线图》几个区域集群的详细规划和设计。

（2）制定和执行有效的CCUS激励政策，包括但不限于财税、碳市场、CCUS证书交易、新建项目排放强度目标等机制，促进各行业早期大规模全流程示范项目的实施。通过大型能源公司和能源气候专家的参与，积极与政府部门沟通，力争在"十四五"期间建成激励各行业开展CCUS示范项目的政策体系，为高浓度排放源通过CCUS集群实现减排形成资金保障。同时，通过上述跨部门合作机制，优化政策激励效果，降低政策间的相互约束，避免重复性支持。力争在"十四五"初期通过公共部门和商业部门合作，设立CCUS基金，孵化有可能带来成本大幅度下降的碳捕集、运输、封存和利用技术。

（3）为所有新建高排放项目开展CCUS预留设计，在选址阶段，有关审批流程应考虑大规模封存和利用的潜力，将CCUS预留纳入环境评价过程，并作为大型排放源通过环评的必要条件。结合上述源汇匹配研究，严格控制没有二氧化碳利用和封存潜力的高碳排放工业项目的立项。鼓励企业海外投资涉及碳排放的大型化石能源项目，并开展CCUS预留设计，全面降低新增基础设施投资的气候转型风险。

（4）建立稳定的碳价格预期，支持国内大型排放源开展CCUS减排，并通过对碳价格的长期指导和成本下降预期促进低浓度排放源为CCUS改造做准备。"十四五"初期，在大型国有企业试点中采用长期内部碳价格（如设置为每吨二氧化碳200～400元），指导投融资决策，融入项目可行性研究。力争在"十四五"期间，通过国资委政策为国有能源企业设立合理的中长期指导碳价格，通过中国人民银行、银保监会和证监会设立长期碳价格，纳入能源项目融资和企业融资的评级，并将其作为信息披露因素。

（5）为CCUS技术商业化发展创造政策和商业环境，鼓励市场充分竞争，吸引人才投身CCUS行业，促进CCUS产业进入能耗和成本稳步下降的"摩尔定律"阶段，促使国内CCUS产业蓬勃发展。建议"十四五"期间大幅度提升CCUS科技研发投入，鼓励引领性CCUS技术的试验和示范。通过建立中长期CCUS商业环境，引导商业资本（如风险投资）对创新的CCUS技术进行投资。

（6）鼓励中国CCUS有关产业进入国际市场，在不违反世界贸易组织协议等多边机制约定下，通过进出口银行担保和出口退税等方式，鼓励国内企业在国际市场提供CCUS设备和开展CCUS工程有关的服务。鼓励中国企业开展CCUS有关技术合作和并购，参与各国早期的CCUS项目，为降低CCUS技术成本做贡献。

‣ 附录

附录一　大规模全链条 CCUS 项目国际经验

大规模全链条CCUS项目的国际经验见表A–1。

表 A–1　大规模全链条 CCUS 项目国际经验汇总表

序号	项目	投入运营年份	规模/（10⁶t/a）	二氧化碳源	国家	所有权	投资方	收益	其他公共参与	风险管理
1	Gorgon Carbon Dioxide Injection Project	2019	3.4~4.0①	天然气加工	澳大利亚	雪佛龙（运营方47%）、壳牌（25%）、埃克森美孚（25%）、大阪煤气（1.25%）、大阪电力（0.417%）②	政府资助；合作伙伴出资	二氧化碳排放额度奖励；免于或减少购买抵消减排配额③	政府资助	投资方共同承担所有风险
2	Jilin Oilfield CO₂–EOR	2014（开始工业化推广）	0.4④	天然气加工（长岭气田），以及额外来自甲醇和化肥厂的二氧化碳⑤	中国	中国石油	企业自筹	CO₂-EOR 提高采油量，节约水驱勘探费用，开发产能建设费用	国企运维	国有企业持有，政府承担所有风险
3	Illinois Industrial CCS Project（IL-ICCS）	2017⑥	1.0	燃料级乙醇生产	美国	美国能源部及相关企业合作伙伴联盟	政府资助（1.414亿美元）；合作伙伴出资（0.665亿美元）⑦	美国 Form-45Q 税收奖励政策⑧	企业联盟参与	美国能源部参与，承担主要风险，技术风险较高，商业风险较低
4	Petra Nova Carbon Capture	2016⑨	1.4	燃煤电厂	美国	美国 NRG 能源公司和日本 JX 能源公司的合资公司	政府资助（1.9亿美元）；合作伙伴出资（6亿美元）；银行贷款（2.5亿美元）⑩	美国 Form-45Q 税收奖励政策；CO₂-EOR	日本进出口银行为日企提供信用担保	合资公司承担所有风险，技术风险较高，商业风险较低；政策支持长期且稳定
5	ABU DHABI CCA（Phase 1 Emirates Steel Industries）⑪	2016	0.8	钢铁厂	阿拉伯联合酋长国	合资公司 Al Reyadah 公司（母公司阿布扎比国家石油公司 ADNOC）	各合作方股权投资 Masdar 占49%，ADNOC 占51%，总投资 1.22 亿美元	CO₂-EOR；减少对外购天然气的依赖	国企运维	所有参与的企业都是国有企业，政府承担所有风险，技术风险较高
6	Quest	2015	1.08⑫	制氢	加拿大	壳牌、雪佛龙（加拿大）、马拉松石油公司	政府资助（8.22亿美元）；私人股本（4.35亿美元）	1t 二氧化碳减排量，能够获得2t的碳减排额奖励；艾伯塔碳市场（Carbon Competitiveness Incentive Regulation）支持，根据 BEIS 报告，每吨二氧化碳减排可抵消 20~30 美元；CO₂-EOR		政府大力支持，降低了资金风险；企业联合共同承担技术风险
7	Uthmaniyah CO₂–EOR Demonstration	2015⑬	0.8	天然气加工	沙特阿拉伯	沙特阿拉伯国家石油公司	企业自筹（Saudi Aramco）	CO₂-EOR	国企运维	国有企业持有，政府承担所有风险
8	Boundary Dam CCS	2014	1	燃煤发电厂	加拿大	SaskPower 公司	政府资助（2.4亿美元）；SaskPower（10亿美元）⑭	CO₂-EOR	国企运维	政府大力支持，降低了资金风险；企业承担技术风险
9	Petrobras Santos Basin Pre-Salt Oil Field CCS	2013	3.0⑮	天然气加工	巴西	巴西国家石油公司	政府资助；企业自筹	CO₂-EOR	国企运维	政府大力支持，降低了资金风险；企业承担技术风险

续表

序号	项目	投入运营年份	规模/(10⁴t/a)	二氧化碳源	国家	所有权	投资方	收益	其他公共参与	风险管理
10	Coffeyville Gasification Plant	2013	1.0	肥料生产	美国	合资公司（Coffeyville Resources NitrogenFertilizers, LLC, Chapparal Energyand Blue Source）⑮	政府资助；合作伙伴出资	美国 Form-45Q 税收奖励政策；CO₂-EOR	美国能源部资助	政府大力支持，降低了资金风险；投资方共同承担技术风险；政策支持长期且稳定
11	Air Products Steam Methane Reformer	2013	1.0	炼油厂制氢	美国	Air Products（空气产品公司）、Covestro（科思创）	政府资助；企业自筹	美国 Form-45Q 税收奖励政策；CO₂-EOR	油气企业联合参与	政府大力支持，降低了资金风险；企业承担技术风险；政策支持长期且稳定
12	Lost Cabin Gas Plant	2013	0.9	天然气加工	美国	美国康菲国际石油有限公司牵头	政府资助；企业联盟共同出资	美国 Form-45Q 税收奖励政策；CO₂-EOR	美国能源部资助	政府大力支持，降低了资金风险；企业承担技术风险；政策支持长期且稳定
13	Century Plant	2010	8.4	天然气加工	美国	Occidental Petroleum 西方石油公司	政府资助；合作伙伴共同出资	美国 Form-45Q 税收奖励政策；CO₂-EOR	地方政府资助	政府大力支持，降低了资金风险；企业承担技术风险；政策支持长期且稳定
14	Snøhvit CO₂ Storage	2008	0.7	天然气加工	挪威	挪威国家石油牵头，多家油气企业联合（Statoil ASA, Petro AS, Total E&P Norge AS, GDF Suez E&P Norge AS, Norsk Hydro, Hess Norge）	政府资助；合作伙伴共同出资	碳税减免	国企主导	政府大力支持，降低了资金风险；众多企业分担技术风险；政策支持长期且稳定
15	Great Plains Synfuels Plant and Weyburn-Midale	2000	3.0	合成天然气	美国	美国达科他气化公司牵头，加拿大 EnCana 石油公司联合	政府资助；合作伙伴共同出资	美国 Form-45Q 税收奖励政策；CO₂-EOR	美国能源部资助（300万美元），加拿大政府资助（220万美元）⑰	政府大力支持，降低了资金风险；众多企业联合分担技术风险；政策支持长期且稳定
16	Sleipner CO₂ Storage	1996	1.0	天然气加工	挪威	私营合资企业（挪威国家石油公司占 58.35%，埃克森美孚占 17.24%，Lotos 占 15%，道达尔占 9.41%）	政府资助；合作伙伴共同出资	作为石油许可证的一部分⑱；碳税减免	国企主导	政府大力支持，降低了资金风险；众多企业联合分担技术风险；政策支持长期且稳定
17	Shute Creek Gas Processing Plant⑲	1986	7.0	天然气加工	美国	埃克森美孚主导，多家企业联合	企业自筹	CO₂-EOR	地方政府资助	政府大力支持，降低了资金风险；众多企业联合分担技术风险
18	Enid Fertiliser⑳	2003	0.68	化肥厂	美国	Koch 氮气公司和 Chaparral 能源公司联合	企业自筹	CO₂-EOR	地方政府资助	政府大力支持，降低了资金风险；众多企业联合分担技术风险

续表

序号	项目	投入运营年份	规模/（10⁴t/a）	二氧化碳源	国家	所有权	投资方	收益	其他公共参与	风险管理
19	Terrell Natural Gas Processing Plant（formerly Val Verde）	1972	1.3㉑	天然气加工	美国	Sandridge 能源公司和 Occidental 公司主导，多家企业联合	企业自筹	CO₂-EOR	地方政府资助	政府大力支持，降低了资金风险；众多企业联合分担技术风险

① Chevron. 2019. Fact sheet：gorgon carbon dioxide injection project. https：//australia.chevron.com/-/media/australia/publications/documents/gorgon-co2-injection-project.pdf.

② WA Department of Mines and Petroleum, Department of Resources, Energy and Tourism. Western Australia GREENHOUSE GAS CAPTURE AND STORAGE A tale of two projects. http：//www.ccsassociation.org/index.php/download_file/view/536/98/.

③ Emissions Reduction Fund. 2020. http：//www.cleanenergyregulator.gov.au/ERF/Auctions-results/march-2020.

④ 李清. 2019. 中国石油吉林油田 CCS-EOR 项目环境风险评估与管控. http：//www.tanjiaoyi.com/article-27489-1.html.

⑤ China National Petroleum Corporation. 2018. Industrial CCS-EOR in CNPC's Jilin oilfield. http：//www.cnpc.com.cn/en/xhtml/pdf/2018CCSEORinJilin.pdf.

⑥ ICCS Project Team. 2017. Illinois industrial sources CCS project update. https：//www.cslforum.org/cslf/sites/default/files/documents/AbuDhabi2017/Greenberg-ProjectUpdateIICCS-TG-AbuDhabi0517.pdf.

⑦ Gollakota S, McDonald S. 2018.（329c）Successful demonstration of illinois industrial carbon capture and storage in a saline reservoir. Proceeding of 2018 AIChE Annual Meeting. https：//www.aiche.org/conferences/aiche-annual-meeting/2018/proceeding/paper/329c-successful-demonstration-illinois-industrial-carbon-capture-and-storage-saline-reservoir.

⑧ Congressional Research Service（CRS）. 2020. The tax credit for carbon sequestration（section 45Q）. https：//fas.org/sgp/crs/misc/IF11455.pdf.

⑨ NRG. Petra nova carbon capture and the future of coal power. https：//www.nrg.com/case-studies/petra-nova.html.

⑩ Shimokata N. 2018. Petra nova CCUS project in USA. https：//d2oc0ihd6a5bt.cloudfront.net/wp-content/uploads/sites/837/2018/06/Noriaki-Shimokata-Petra-Nova-CCUS-Project-in-USA.pdf.

⑪ Element Energy Limited. 2018. Industrial carbon capture business models, report for the department for business, energy and industrial strategy. https：//assets.publishing.service.gov.uk/government/uploads/system/uploads/attachment_data/file/759286/BEIS_CCS_business_models.pdf.

⑫ Price J P. 2014. Effectiveness of financial incentives for carbon capture and storage. https：//ieaghg.org/docs/General_Docs/Publications/Effectiveness%20of%20CCS%20Incentives.pdf.

⑬ GCCSI. 2018. The global status of CCS. https：//www.globalccsinstitute.com/wp-content/uploads/2018/12/Global-Status-of-CCS-Report-2018_FINAL.pdf.

⑭ ZeroCO₂.No. Boundary Dam integrated CCS project. http：//www.zeroco2.no/projects/saskpowers-boundary-dam-power-station-pilot-plant.

⑮ Global CCS Institute. 2019. Global status of CCS 2019. https：//www.globalccsinstitute.com/wp-content/uploads/2019/12/GCC_GLOBAL_STATUS_REPORT_2019.pdf.

⑯ International Association of Oil & Gas Producers. 2020. Global CCUS projects. https：//gasnaturally.eu/wp-content/uploads/2020/06/Global-CCS-Projects-Map-1.pdf.

⑰ Price J P. 2014. Effectiveness of financial incentives for carbon capture and storage. https：//ieaghg.org/docs/General_Docs/Publications/Effectiveness%20of%20CCS%20Incentives.pdf.

⑱ Pale Blue Dot. 2018. CO₂ transportation and storage business model summary report. https：//assets.publishing.service.gov.uk/government/uploads/system/uploads/attachment_data/file/677721/10251BEIS_CO2_TS_Business_Models_FINAL.pdf.

⑲ ZeroCO₂. No. Shute Creek. http：//www.zeroco2.no/projects/shute-creek.

⑳ IEA and UNIDO. 2011. Technology roadmap carbon capture and storage industrial applications. http：//www.ccsassociation.org/index.php/download_file/view/274/98/.

㉑ ZeroCO₂. No. Val Verde natural gas plants. http：//www.zeroco2.no/projects/val-verde-natural-gas-plants.

附录二 经济与就业效益预测补充说明

采用"直下而上"模型预测部署CCUS对经济和就业带来的影响。主要假设条件见表A-2。在计算经济效益的过程中，GDP和GVA计算路径如式（A-1）和式（A-2）所示，各行业的平均减排成本如式（A-3）所示，而各行业开展百万吨级CCUS项目的直接就业影响见表A-3。GDP计算采用价值增加法（Value Added Approach），如式（A-1）所示，同时假设为2018年为基准的恒定价格水平（Constant Price）。减排成本（Cost of CO_2 Avoided）采用项目生命周期平准减排成本（Levelised Cost of CO_2 Abatement），如式（A-3）所示，也假设为2018年为基准的恒定价格水平。年度GDP影响为各项目GDP影响的总和，如式（A-4）所示。年度就业影响是各项目就业影响的总和，如式（A-5）所示。

$$GDP=GVA+Tax-Subsidy \quad\quad (A-1)$$

$$GVA=Total\ Additional\ Output-Cost\ of\ Goods\ or\ Service \quad\quad (A-2)$$

$$Cost\ of\ CO_2\ Avoided = \frac{Present\ Value\ of\ Abatement\ Cost}{Present\ Value\ of\ CO_2\ Abated} = \frac{\sum_{t=0}^{N}\dfrac{I_t+O_t+F_t}{(1+r)^t}}{\sum_{t=0}^{N}\dfrac{A_t}{(1+r)^t}} \quad\quad (A-3)$$

$$G_t = \sum_{t=0} P_{i,t} \quad\quad (A-4)$$

$$E_t = \sum_{t=0} M_{i,t} \quad\quad (A-5)$$

式中　I_t——在第t年的减排投资成本；

　　　O_t——在第t年的减排带来的运营成本；

　　　F_t——在第t年的减排带来的燃料成本；

　　　A_t——在第t年的减排量；

　　　N——项目生命周期长度；

　　　r——贴现率；

　　　G_t——开展CCUS在第t年的GDP总影响；

　　　$P_{i,t}$——项目i在第t年对GDP的影响；

　　　E_t——开展CCUS在第t年的就业总影响，人/年；

　　　$M_{i,t}$——项目i在第t年对就业的影响，人/年。

表 A–2　模型使用的大规模应用 CCUS 的平均减排成本假设　　单位：元 /t CO$_2$

行业	2025 年	2030 年	2040 年	2050 年
高浓度排放源	200	150	120	100
电力行业	400	320	260	220
钢铁行业	450	360	290	240
水泥行业	480	390	310	250

注：假设为 2018 年恒定价格水平。

表 A–3　在中国开展百万吨 CCUS 项目全生命周期的直接就业影响假设　　单位：人 / 年

行业	类型	2020 年	2030 年	2040 年	2050 年
高浓度排放源	建设期	2000	1800	1650	1200
	运营期	5000	4500	3800	3500
电力行业	建设期	6000	5500	4500	4000
	运营期	10000	9000	7500	6000
钢铁行业	建设期	6000	5500	4500	4000
	运营期	10000	9000	7500	6000
水泥行业	建设期	6000	5500	4500	4000
	运营期	10000	9000	7500	6000

注：运营期假设为 25 年。